汤姆的实验室

神奇的机械

［俄］萨拉宾·维塔利 编著

杨 敏 译

海洋出版社

2018年·北京

图书在版编目(CIP)数据

神奇的机械 / (俄罗斯) 萨拉宾·维塔利编著；杨敏译. — 北京：
海洋出版社,2018.11（汤姆的实验室）
ISBN 978-7-5210-0187-7

Ⅰ.①神… Ⅱ.①萨… ②杨… Ⅲ.①机械－儿童读物 Ⅳ.①TH-49

中国版本图书馆CIP数据核字(2018)第207279号

版权登记号　图字：01-2017-9332

汤姆的实验室：神奇的机械

著　　者 / [俄] 萨拉宾·维塔利
译　　者 / 杨　敏
策划编辑 / 项　翔
责任编辑 / 刘　玥
责任印制 / 赵麟苏

出　　版 / 海洋出版社
　　　　　 北京市海淀区大慧寺路8号
网　　址 / www.oceanpress.com.cn
发　　行 / 新华书店北京发行所经销
发行电话 / 010-62132549
邮购电话 / 010-68038093
印　　刷 / 北京朝阳印刷厂有限责任公司

版　　次 / 2018年11月第1版
印　　次 / 2018年11月第1次印刷
开　　本 / 787mm×1092mm　1/16
字　　数 / 104千字
印　　张 / 6.5
书　　号 / 978-7-5210-0187-7
定　　价 / 39.80元

敬启读者：如发现本书有印装质量问题，请与发行方联系调换

Содержание

目　录

致小读者

人类自古以来就崇尚知识，通常是从书中获取知识、积累经验，并一代一代地将其传承下去。实际上，实验研究也是掌握和拓展知识的重要途径。

你手里捧着的这本书并不普通，在这本书中，你可以发现法国著名作家、记者亚瑟·古德（Arthur Good）描述过的趣味科学实验。亚瑟·古德在 19 世纪末和 20 世纪初以汤姆·吉德（Tom Tit）为笔名发表了很多作品，他的作品被世界各地的读者广泛关注。

当你接触这本书时，你就会理解：物理是一门神奇的科学，那些你第一眼几乎看不明白的现象，物理可以对其进行解释；日常生活中有很多有趣的事例，物理会帮助你了解它们是如何发生的。借助本书，你将学会做各式各样有趣的实验，这些实验会让你的同龄人，甚至很多成年人对你刮目相看。

本书收集了关于平衡、旋转、振动、惯性、反作用力等不同物理原理的机械运转实验。做这些实验并不需要复杂的装置，你在家里就能找到所需的材料。这不仅仅是简单、有趣的游戏，更是严谨的科学实验。通过实验你会找到很多问题的答案。

加油！开启发现之旅！去发明创造吧！

能自动保持平衡的刀

几乎所有物体，在没有垂直平放而且也不倚靠其他物体的状态下，都会在地球引力的作用下倒下去。把一个立放的瓶子或者碗倾斜一下，你很容易就能证实这一点。

物体所受到的重力就是它本身的重量。物体处于任何方位时所有各组成支点的重力的合力都通过的一点叫重心。为了使物体能够立得稳固，基座应尽可能宽大，重心应放得尽可能低一些。例如，板材平着摆放比立着放稳固。但是，也可以让立着放得不平稳的物体，在没有支撑物的情况下，岿然不动。完成这个实验，你就会知道如何才能做到这一点。

实验

把折叠刀打开，使其处于半打开状态，即其在受到较小的拉力作用时不会合上也不再被打开（如图所示）。如果不能把刀固定在半打开状态，需要把刀刃楔住，就是在刀刃和刀把缝隙间楔个小火柴棍。

将刀放在桌子的边缘，并将长柄勺挂在上面（如图所示，大柄上有挂勾）。如有必要，请成年人帮助用钳子调节长柄勺弯头的弯曲度，以便快速完成刀与勺子的组装。

所需物品：

- 折叠刀
- 带挂钩的长柄勺
- 盐
- 茶勺

结果

几次摆动之后，用刀和长柄勺做出来的结构达到平衡，并且相当稳固。没有长柄勺，刀在桌子边上连1秒钟也不能立住。

在不触碰该结构时，你也可以改变它的位置。为此，要给长柄勺加重：用茶勺往长柄勺内撒入一点点盐。随着加入盐量的增多，刀会逐渐随之抬高。

解析

刀和长柄勺组装的结构处于平衡状态，是因为它的主要重心低于桌子边缘，就是说，它的重心低于它的支撑点。这样的结构，在摆动它的时候也能保持平衡。可以说，它不是立在桌子上，更接近于依靠在桌子边缘，被稳固地挂在桌子上。当向长柄勺内添加盐的时候，该结构的重量增加，重心下降。结果长柄勺从桌子下面逐渐向上探出，勺把稍微抬高，从而减少了刀的倾斜度，刀相应地一点点被抬高。

复杂性：
实验必须在成年人的帮助下完成。

3

鸡蛋平衡帽

有一个关于美洲大陆的发现者哥伦布的小故事，他说能把鸡蛋竖立在桌子上，这令周围的人十分惊讶。实际上，他是把蛋壳敲碎了立在桌子上的。这个故事主要说的是发现者的胆识。那么，在不破坏蛋壳的前提下，可否让鸡蛋在桌面上或其他表面上立住呢？当然可以，你只需要做一个被称为"平衡帽"的辅助装置。

实验

为了把鸡蛋立住，必须做一个被称为"平衡帽"的装置。在葡萄酒瓶塞下边用刀挖一个凹坑，使它能够与鸡蛋的大头紧密地贴在一起。然后，小心地在木塞的两侧同一高度上（最好是在上下截面中间）对称插入两把一样的餐叉，尽可能让它们倾斜的角度一样。通过目测，确保两把餐叉的相对位置大致相同。

结果

把做成的"帽子"戴在鸡蛋的大头上，（为此你要稍加练习）。现在不改变"帽子"的状态，把鸡蛋立放在瓶口边沿或者其他不寻常的地方。

解析

没有任何辅助的情况下，让鸡蛋竖着

平稳摆放，实际上不可能做到，因为它的重心远远高于支点，而它的支点又很小。

但是，如果用一个软木塞和餐叉做出"平衡帽"后，整个结构的重心发生变化，重心低于支点，因此鸡蛋趋向稳固平衡的状态。餐叉越重，确切地说是餐叉把越重，鸡蛋立得越稳。

立在手指上的“小鸟”

复杂性：

实验必须在成年人的帮助下完成。

鸟通常落在枝头或者电线上，用爪子牢牢地抓住树枝或者电线，调整、改变它的身体状态来保持平衡。还有一些鸟，例如，猫头鹰、鹦鹉和孔雀，靠尾巴来保持平衡。利用重心低于支点的原理（如前一个实验所描述），可以动手做这样一只鸟，让它像杂技演员一样自信地、稳稳地立在手指、枝头或者晾衣绳上。

所需物品：

- 生鸡蛋
- 针或者锥子
- 彩色橡皮泥
- 火柴
- 长20～25厘米的细铁丝
- 钳子
- 胶水
- 大号金属螺帽（配17-22号扳手）

实验

用一个空鸡蛋壳做鸟的躯干。首先，在生鸡蛋的两头用针或者锥子扎两个小孔，从小孔里把蛋白和蛋黄沥出来。

现在做铁丝悬挂架，拿它来保持平衡。把细铁丝的一端用钳子弯成一个挂钩，把另一端弯成直钩（如图所示）。把直钩一端粘在鸡蛋壳侧面。

用彩色的橡皮泥捏出鸟头和尾巴，再把它们粘在躯干上。再用两块橡皮泥，把两根火柴棍粘在与挂钩相对平行的对称位置上，作为鸟爪子固定在躯干上。在挂钩上悬挂一个足够重的金属螺帽或其他类似的重物。小鸟做好了！

结果

将鸟爪子调整到合适的位置时，小鸟将稳稳地立在伸出的手指上。如果让它立在户外的树枝上或者晾衣绳上，它将随风晃动就像一只活鸟一样。

解析

　　小鸟两只爪子紧紧抓住支撑物，即便是晃动时，也处于平衡状态，这是因为它的主要重量以及重心位于支点爪子下面，所以它处于稳定的平衡位置。 因此，小鸟依靠双爪支撑，稳稳站立。

会"走钢丝"的叉子

大家都知道，在表演杂技走钢丝节目的时候，会使用长杆，它能帮助表演者在钢丝上保持平衡，甚至在钢丝晃动或有些摇摆的情况下也能保持平衡。为了顺利地完成该技巧，需要多年的训练。但是下面这个功能类似走钢丝表演者的结构，你可以在家用手边的东西自己动手做。

所需物品：

- 两把叉把儿同样厚度的金属叉
- 硬币
- 两个玻璃杯
- 水

实验

把两只叉子叠放在一起，叉齿相对、相互叠压在一起。在叉齿中间的齿槽楔入尺寸合适的硬币，让两把叉子牢固地夹在硬币上。

然后，把硬币的边缘放在装满水的玻璃杯边沿，使组装好的"平衡杆"保持平衡。水杯注水位置要使表演者只需稍微倾斜水杯，就能把水倒出来（如图所示）。如果第一次没成功，需要稍微调整一下叉子和硬币的位置。

结果

当叉子被调整到正确位置时，你自制的结构"走钢丝表演者"会稳稳地在杯口保持平衡。慢慢地把水倒入另一个杯子里，你会发现，即使在你把水杯倾斜的时候，该结构也能保持平衡。

解析

　　物体的重心相对于其支点位置越低越稳固。通常，走钢丝表演者手中拿着平衡杆，并尽可能地放得足够低。在本实验中，叉子和硬币组成结构的主要重量在叉子把儿上，由于叉子把儿的形状，其重心低于支点（硬币的边缘）。因此，该结构处于稳定平衡的状态。这就是为什么叉子的手柄越厚、越重，该结构越容易保持平衡。

　　因为硬币在水杯口沿上的支点非常小，它们之间的摩擦小到可忽略不计，支点就如同一个活动接头，这样，在水杯倾斜时，该结构仍然会保持平衡。

复杂性：
实验可以独立完成。

站在桌子上的 "锯木工"

现在，用原木加工木板通常使用专用的锯木工具——电锯。而在很久以前，锯原木用的是手锯。锯木工人需要不断地拉伸身体，上上下下拉动手锯。现在，基本上不需要锯木工人手工锯木了。但是，你可以自己动手做一个"锯木工"玩具，让它弯下腰来锯桌子。

实验

首先，需要做"锯木工"玩偶。用任意颜色的橡皮泥捏出裤子，把裤子穿在火柴棍腿上，把它固定在用软木塞做的躯干上。然后再捏头部，同样固定在躯干上。

现在做锯，用钳子把铁丝的两头弯成形状如"п"的直角弯，弯折长度约5厘米。铁丝的一头插入锯木工的躯干上部，而另一头插上苹果或土豆。

用硬纸板剪出一双手臂和锯，锯的长度与铁丝的垂直部分相同。用橡皮泥把手臂粘在小人儿身上，锯和手臂粘上（如图所示）。

把"锯木工"安放在桌子边缘，锯齿应该与桌边相距几毫米远。调整锯齿和配重的位置，直到"锯木工"能完全直立为止。现在轻轻触碰一下"锯木工"，让它可以弯腰并晃动起来，但是一定要注意，不要让锯齿擦碰到桌子边缘。

结果

只需推一下"锯木工"，它就可以长时间地前后晃动，而且相当平稳。感觉上，它确实是在锯桌面。

解析

"锯木工"处于非常稳定的平衡状态，因为主要重量在苹果处，整个"锯木工"的重心低于其支点（火柴）。

让"锯木工"晃动后，它将失去平衡并移动重心。此时，"锯木工"竭力想返回到平衡状态，但是由于惯性原因，它会继续运动，并向后倾斜。之后，它又试图重新返回到平衡状态，因惯性它又向相反方向运动，这样连续不停。

"锯木工"就如同一个摆锤一样。在它和空气以及火柴与桌面摩擦时产生了摆动的动力，在该动力消退后，它的前后倾斜的动作也相应停息。

复杂性：
实验必须在成年人的帮助下完成。

所需物品：
- 葡萄酒瓶塞
- 彩色的橡皮泥
- 火柴
- 一段粗的硬铁丝，长度40~45厘米
- 钳子
- 硬纸板
- 剪刀
- 苹果或土豆

能挂起来的火柴

摩擦力在生活中意义重大，我们到处都能碰到它。例如，人可以走路，汽车可以行驶，都得益于它。如果没有摩擦力，人的双脚和汽车的轮子，就如同滑行在冰面上。

摩擦力的主要作用是阻碍物体相对运动。如果没有静摩擦力，那么被过堂风一吹，家具就会在房间里四处游荡，钉好的钉子也会从墙上滑落，冰川、石头和土壤也会顺着山坡滑下来，人也不能在凳子上坐稳，一个小小的动作人就会滑落到地上。你可以用火柴做一个简单的实验，以此验证有趣的摩擦力。

实验

把一根火柴放在桌子边上，使火柴头探出桌沿。在这根火柴上小心地摆放 14

根火柴，交替摆放使火柴头朝向不同方向（如图所示）。请注意：所有火柴头应向上探出头，而火柴杆另一端要与桌子接触。能否把下面的那根火柴抬起，并且使这 14 根火柴不掉下来，依然被挂住呢？ 只须顺着下面那根火柴，在上面再放一根火柴，就可以平稳地把火柴提起来！

结果

捏住下面的那根火柴头，把整个结构抬起，所有放在它上面的 15 根火柴，也被抬起到空中，而且 14 根横放着的火柴呈字母"X"形状。

解析

当结构被抬起的时候，横放着的火柴之间的小槽的角度开始缩小，直到"抓住"第 15 根火柴为止，就如同老虎钳一样地夹住。火柴之间的摩擦力在这个抓住的时刻，使其能固定在下面那根火柴上而不滑下来。

所需物品：
- 16根火柴

"听话"和"不听话"的鸡蛋

每个人都很容易凭直观印象来确定各种物体重心的位置，以及这些物体以不同方式放置后呈现的状态，以判断如何放置物体，它才更稳固。例如，鸡蛋平放会很稳，而如果把鸡蛋尖头一侧立放在桌面上，它不会稳定。但是，有些物体的重心并不在第一眼直觉判断的位置上。它们重心所在的位置似乎有些不同寻常。完成下面这个实验，你就能学会用普通的鸡蛋做出这样的物体。

复杂性：
实验必须在成年人的帮助下完成。

实验

在每个鸡蛋上分别打两个孔：用针在蛋壳小头处打个小孔；用锥子在大头处打个大孔，尺寸和火柴头大小一样。将蛋液从大孔处沥出，把空鸡蛋壳烘干。

制作"听话"的鸡蛋：在一个蛋壳内装 1/4 的沙子或者盐。为使蛋壳上的孔不被发现，用橡皮泥小心地把它堵上，然后涂上修正液。可以根据个人的想法随意摆放这个鸡蛋。

制作"不听话"的鸡蛋：在第二个蛋壳里放 30 ~ 40 个钓鱼用铅坠。用折叠刀把蜡烛切成 30 ~ 40 个小块石蜡，也放进蛋壳内。之后把蛋壳垂直放置在蜡烛上加热（针扎的小孔朝下，在配重块和石蜡块下面）。当石蜡熔化后，不改变它的位置，迅速使蛋壳冷却。先熔化、后冷却的石蜡把铅坠固定在蛋壳的下部。一

所需物品：

- 两个生鸡蛋
- 针
- 锥子
- 沙子或者盐
- 橡皮泥
- 修正液或白色指甲油
- 30 ~ 40个钓鱼用铅坠，每个重量为0.2 ~ 0.3克
- 蜡烛
- 火柴
- 折叠刀

切准备就绪后，用橡皮泥把蛋孔堵上，再涂上修正液。这个"不听话"的鸡蛋会永远处于垂直状态。

的瓶口上。

结果

"听话"的鸡蛋可以放置在任何位置，只须将它朝被放置的位置轻轻晃动即可。想侧放"不听话"的鸡蛋是不可能的，它只能立在桌面上、刀背上以及长颈玻璃瓶

解析

在第一种情况下，在任何位置晃动蛋壳，沙子都会聚集到底部，此时重心也随之移动到更低的点位，蛋壳随时处在可以保持平衡的位置。在第二种情况下，重心位于蛋壳内固定的位置并始终保持平衡，如同一个不倒翁一样。

探索地球的形状

地球围绕着太阳公转，同时绕地轴自转。我们的星球并非是正球体，而是一个两极稍扁、赤道略鼓的不规则球体。通过下面这个简单的实验，来了解一下这个形状是如何形成的。

实验

用硬纸板剪出一个直径为 10 厘米的圆，在圆上沿半径画两条垂直的直线，在距离圆心 1.5 厘米的地方用锥子钻两个眼。

用铁丝做两个长 15 厘米的铁芯，把它们沿着半径线穿入圆的侧端。应穿透圆，让铁芯伸出圆外的长度一致。

用薄纸板剪出两张同样的纸条，长 18 厘米、宽 2 厘米。把它们粘成相互垂直且直径为 10 ～ 10.5 厘米的两个纸环，让圆硬纸板能在环内自由转动（如图所示）。在两个纸环粘贴处用锥子扎 2 个大孔，同时在垂直交叉粘贴处扎 4 个小孔。

将圆硬纸板放到纸环内，用铁芯穿过纸环上的 4 个小孔（这几个小孔正好在赤道上）。

将绳头首先穿入纸环粘贴处的一个孔，然后穿过硬纸板圆上的 2 个孔，再穿过纸环粘贴处的另一个孔（如图所示）。

在线绳两头分别系上 2 个小铅笔头，把它作为手柄。

用记号笔在纸环粘贴处一端写上"北"，另一端写上"南"。纸环就相当于两条交叉成直角的经线。地球模型做好了，可以转动它了。

拿起手柄，模型刚好处于中间位置，并且处于悬空状态，尽可能地转圈给线绳上劲儿，先不拉紧它（如同捻绳子一样）。转到线绳绷紧为止，然后拉紧线绳。

所需物品：
- 一张薄纸板
- 一张厚的波形硬纸板
- 剪刀
- 锥子
- 直尺
- 铅笔和记号笔
- 一根长 30 厘米的粗铁丝
- 钳子
- 胶水
- 1 米长的细绳

结果

地球模型开始自转，而且越转越快，线绳松劲后，向相反方向扭转。

在模型旋转的时候，经线失去了它正圆形状。赤道开始扩大，赤道上的纸环顺着铁丝芯滑动，向四周分散，而南极和北极相应的部位被压扁并向中间移动。

解析

在旋转时产生了离心力，即远离旋转中心向物体边缘运动的力。离心力使物体在旋转平面上沿着赤道扩展。地球也如模型一样，沿着赤道向外稍稍扩展。经线的尺寸以及地球的体积是不变的，为了补偿赤道扩张，南北两极会被压缩，所以我们的行星是一个椭圆的球体。

复杂性：
实验必须在成年人的帮助下完成。

别具一格的旋转链环

你也许会注意到，当乘坐的汽车转弯时，你会朝转弯方向的相反方向甩出去，这是惯性的作用，它迫使你保持原来的运动状态继续运动。当骑自行车转弯时，你的身体会向内倾斜。这些现象都很直观，你不会刻意去想其产生的作用力。再比如，在手指上旋转一个链环，它总是试图从手指上飞出去。转得越快，链环对手指的压力越大。让链环从手指向外运动是离心力的作用，它是惯性的一部分。

所需物品：
- 细的金属链
- 细绳

链环在手指上旋转时，被拉伸变长呈细长的环形，是否可以使它旋转成圆形呢？当然能，但应变换一下旋转方法。

实验

拿一个长 30 ~ 50 厘米的细金属链，把它链接成环形，可以直接用首饰链、钥匙链或者小珠链，把它绑在长 30 ~ 50 厘米的线绳上。用大拇指和食指垂直拿着（如图所示），然后开始向一个方向用劲儿，逐渐加快旋转速度。

结果

链环开始会摇晃几下，但是随着旋转

速度加快，就形成了正圆形。线绳在空中画出了一个正圆锥。

解析

旋转时，离心力使链环远离其旋转的中心轴（线轴未被旋转时所在的轴线）。旋转后，链环呈圆形轮廓，是因为该形状下，大部分的链环与旋转轴线的距离最大且相等，因此呈现出正圆锥形状。

复杂性：

实验可以独立完成。

如何区分熟鸡蛋和生鸡蛋

如何区分熟鸡蛋和生鸡蛋？最简单的方法是把它们打碎或摇晃。摇晃时，你会感觉到生鸡蛋里面的蛋液在晃动。但是，有一个更有趣的方法可以快速将其区分，就是旋转鸡蛋。

实验

第一个方法：把熟鸡蛋和生鸡蛋放在盘子上，用手迅速旋转鸡蛋，松开手后，观察它们转动的状态。

第二个方法：在盘子中转动鸡蛋，突然用手触碰鸡蛋，让鸡蛋停止旋转。

第三个方法：剪两根长 30 ~ 35 厘米结实的线。用钳子把铁丝弯成两个小钩，分别系上两根线头。然后连钩带线用绝缘胶带粘在鸡蛋上（如图所示）。分别在两个鸡蛋上缠绕同样圈数的线圈，然后松开。

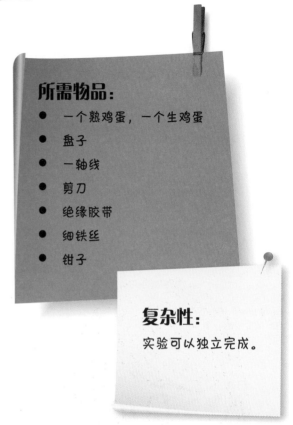

所需物品：
- 一个熟鸡蛋，一个生鸡蛋
- 盘子
- 一轴线
- 剪刀
- 绝缘胶带
- 细铁丝
- 钳子

复杂性：
实验可以独立完成。

结果

第一种情况，熟鸡蛋可以长时间转动，而生鸡蛋会很快停止转动。

第二种情况，熟鸡蛋在被触碰后，立即停止转动；而生鸡蛋会继续转动。

第三种情况，熟鸡蛋先会向一个方向转动，然后向相反方向转动，并长时间正反交替转动。生鸡蛋在刚开始同熟鸡蛋一样，先向一个方向转动，但是在向相反方向回转时，立即减速并停止转动。

解析

旋转鸡蛋之所以出现不同情况，是由于它们内部的物质不同，熟鸡蛋的蛋清、蛋黄成了固体，生鸡蛋里面则是液体。

在第一种情况下，你给两个鸡蛋一样的力。对熟鸡蛋来说这个力被摩擦力，即它与盘子和空气的摩擦力消耗；而生鸡蛋则是把力消耗在让鸡蛋壳和液态的蛋清、蛋黄共同旋转上。所以生鸡蛋旋转时产生的力消耗得快，因此停止转动得也比较早。

在第二种情况下，用手触碰了煮熟的鸡蛋，它会立即停止转动；而生鸡蛋只有固态的蛋壳停止了转动，它里面的液态蛋清、蛋黄在被触碰后，还受到惯性作用力影响继续旋转，进而带动蛋壳一起转动。

在第三种情况下，旋转时，熟鸡蛋是一个整体，只在它与空气摩擦和绕线变形时消耗力。而生鸡蛋旋转时，蛋壳和蛋液分别旋转。当蛋壳开始向相反方向回转时，由于蛋液和蛋壳结合得并不紧密，因为惯性作用，蛋液继续按照原来的方向旋转。朝相反方向旋转的蛋壳和蛋液很快就相互抵消了力。

淘金者如何淘洗黄金

很久以前，人们从河岸中含金的沙子中淘洗黄金。现在，人们采用专业的机械在矿山中开采这种贵金属。然而，当今世界仍然还有很多淘金爱好者，他们沿用传统的手工方法，利用离心力和旋转原理制造简单的装置来淘金。感兴趣吗？ 那就完成下面的实验吧。

实验

首先，需要做一个洗金装置。拿一个小瓷碗，用防水胶把木条的一端从碗内粘在碗底的中心。

在软木塞的上部中心点用锥子钻一个小孔。向孔内插入一根针，针尖朝外，针尖露出 1 ~ 1.5 厘米 。把软木塞从外部粘在碗底正中心，然后晾干。该结构需要做得足够牢固结实。

向小碗内倒入大约半碗沙子，在上面再放些钓鱼用的铅坠，把铅坠当做"黄金"，因为做铅坠用的铅的密度接近黄金的密度。

在右旋转该装置，为的是让"金子"完全沉入沙子里。然后再向大号玻璃碗内倒满水，并把自制的装置放入水中，针尖朝下。水这时应该没过小碗、超过碗边大

所需物品：

- 大号的玻璃碗
- 小号瓷碗
- 沙子
- 钓鱼用的铅坠
- 锥子
- 软木塞
- 针
- 防水胶
- 长约20厘米的细木条
- 水

约 2 厘米。现在，开始向一个方向快速旋转装置，观察会发生什么情况。

结果

旋转时，离心力将沙子抛向碗边，在碗边被水带走，在大号玻璃碗底沉淀下来。过一会儿小碗里的沙子几乎都没有了，而铅坠将留在小碗底。现在你可以带上自制设备去淘洗真正的金子了，但是你首先要

知道哪里会有沙金。

解析

旋转时，离心力同时作用在沙子和铅坠上，它始终想把沙子和铅坠抛离旋转的轴心。轻而细小的沙粒儿不费力地被甩出，而质量大的铅坠在超过离心力的重力的作用下，沉淀在小号碗底。除此之外，旋转是发生在水中，水也随着转动，但是其旋转速度比装置的转速小，它把质量轻的沙子带走，同时将其淘洗。

复杂性：
实验必须在成年人的帮助下完成。

防水胶

沙　子

让鸡蛋竖直旋转

在之前的小实验中，我们学会了不破坏蛋壳，将鸡蛋竖着放稳的小技巧，即利用平衡帽把鸡蛋重心固定在鸡蛋尖头处。现在，我们尝试着去完成更难的任务——让鸡蛋在竖直状态下旋转。例如，让乒乓球在桌面或者地板上旋转非常容易，因为它是圆形的塑料球，让它转动只需扭动它即可。而鸡蛋则不同，不论你尝试多少次，它总是会倒向侧面。但是，如果你能采用两个小技巧，就可以让鸡蛋竖着转起来。

所需物品：
- 生鸡蛋
- 一段铁丝
- 细绳

实验

为了让实验获得成功，需要采用第一个小技巧：把鸡蛋竖立并将其煮熟。为此要做一个特殊的托架，鸡蛋小头朝下，用细铁丝将其缠绕，弯成底宽上窄的弹簧型托架。在煮鸡蛋之前，先竖直晃动几下，不改变它的状态，将它放在托架上。煮鸡蛋要用不加盐的凉水。如果用加过盐的水煮鸡蛋，在煮的过程中鸡蛋会上浮并被破坏。

鸡蛋煮熟并冷却后，进入下一步，采用第二个小技巧—— 在鸡蛋上缠几圈细绳。然后将鸡蛋小头朝下竖放在平整的桌面。一个手指从上面按着鸡蛋（如图所示），另一只手小心拉动细绳的同时松开手指。

结果

在几次尝试后，你会成功地让鸡蛋竖直着转动起来，像一个陀螺一样旋转很长时间。

解析

第一个煮蛋小技巧是为了让鸡蛋的重心与它的旋转轴相互结合在一起。在蛋壳大头里有一个小的气室。在垂直状态下的晃动和煮蛋的过程中，气室和蛋黄均匀地按着垂直轴线分布，这样鸡蛋就能轻易地达到平衡。

第二个线绳的小技巧是为了提高鸡蛋的旋转速度。这种情况下形成陀螺效应，物体在旋转时的离心力会使自身保持平衡。鸡蛋围绕着自己的竖直轴旋转得越快，它的竖直状态也就越稳定。

复杂性:
实验必须在成年人的帮助下完成。

敏捷的"杂技演员"

在之前的实验中，尽管鸡蛋可以像陀螺一样转动，但是它早晚会停下来。这是因为摩擦力的作用：鸡蛋同旋转的表面、周围的空气产生摩擦，旋转动力逐渐减少。摩擦力对旋转起到了有力的促进作用，没有摩擦力也不会有转动。想知道这是怎么回事吗？那么快来做个有趣的玩具实验吧。

复杂性：
实验可以独立完成。

所需物品：
- 一张厚纸
- 彩色铅笔
- 剪刀
- 塑料圆珠笔
- 针
- 锥子
- 透明胶带

实验

在一张厚纸上画一个"杂技演员"形象，它正准备乘着转轮登上杂技舞台（如图所示）。尽量让这个"杂技演员"对称，两侧的手脚尺寸相同。可以根据个人喜好给它涂上颜色。

拿一根塑料圆珠笔，笔杆必须是圆柱体。把对着笔芯的笔帽拧下来，在笔帽上用锥子扎个小孔。把针插入小孔。

一定要检查，别让针在笔帽里晃荡，把它拧回去。用透明胶带把"杂技演员"固定到针尖上（如图所示）。

准备一把圆把或一侧是圆把的剪刀。捏着剪刀刃，平着拿起剪刀，把粘着"杂技演员"的圆珠笔稍微倾斜放在剪刀圆把里。随后，小心地在水平方向绕圈旋转剪刀。

结果

"杂技演员"开始运动，绕着自己的轴转动。由于这两个运动同步进行，纸制"杂技演员"在自由旋转的同时，画出完美的圆圈，它的表演与真正的杂技演员的表演相比也毫不逊色。

解析

"杂技演员"的旋转是受到摩擦力的作用。首先，因为摩擦力，圆珠笔在剪刀圆把上保持倾斜而不滑落。其次，因为与剪刀圆把的摩擦力，粘着"杂技演员"的圆珠笔绕着自己的轴旋转。

如何证明地球旋转

人们已经了解并证实，地球绕着地轴自转，因而产生了日夜更替。19 世纪，法国物理学家让·傅科提出了一个论据，即使在没有窗户的封闭房间中也可以验证地球自转。为验证该论据，傅科使用了一个巨大的钟摆，摆臂长 67 米。感兴趣吗？你在家里也可以做一个类似的、比例小点的钟摆。

实验

拿一个苹果，挑选一根小木棍，其略长于苹果厚度 2 厘米。把小木棍的一头削尖，用它穿透苹果。在没削尖的一头绑上线，这就是钟摆。用锥子在木塞上钻一个贯穿的小孔，把针鼻向下插入孔内。然后把三把叉子斜着插入木塞上，做成一个三脚架（如图所示）。把三脚架置于盘中，钟摆线的自由端绑在针鼻上。调整线的长度，使小木棍尖差一点点就碰到盘底。沿着盘沿撒两小堆盐，使其分置两端，相互对应。把钟摆推到一个盐堆处，然后松开。在它每次运动的时候，小木棍尖都会在盐堆上同一位置留下痕迹。为重复地球自转

所需物品：
- 线轴
- 剪刀
- 软木塞
- 锥子
- 针
- 三把一样大的金属叉子
- 盘子
- 小木棍
- 折叠刀
- 盐
- 苹果

的效果，要平稳地、不间断地转动盘子，在实验中我们将盘子当做"星球"。

结果

在盘子旋转的时候，钟摆的摆动不变。它继续在原来那个平面上摆动，随着盘子的转动，它在盐堆上留下新的痕迹。

解析

地球的旋转传递给所有在地球上看似不运动的物体。跟地球一起逆时针慢慢旋转的有你家的房子、盘子里的三脚架和盐堆。只是这个转动没有传递给钟摆，因为它挂在一股软绳上，而不是硬性地附着在地球上。

事实上，当你转动盘子的时候，钟摆摆动时不完全在一个轨迹上，有一点偏移。只是这种偏移相当小，小到你几乎察觉不到。如果你的钟摆能够24小时不间断地摆动，它会在盐堆上围绕盘子轴心画出一个完整的圆圈，就像时钟的指针一样，只是慢了1倍。

复杂性：
实验必须在成年人的帮助下完成。

钟摆与"剑客"

在前面的实验中，我们研究了钟摆，并验证了它的匀速摆动。但是，当两个钟摆相邻放置在一起时，比如悬挂两个苹果，又会怎样？如果摆动其中一个，它运动后与第二个苹果相碰撞。第一个苹果的运动传递给第二个苹果，让它开始运动，依此类推。这样两个放置得很近的"钟摆"可以用来相互撞击，来做个既有趣又好玩的玩具吧！

实验

取一块小木板：尺寸约为长 20 厘米、宽 10 厘米、厚 1 厘米。在木板的侧面钉两根小钉子，两根钉子相距 5 ~ 7 厘米。也可直接用厨房砧板来做实验。

用钳子把两段结实的粗铁丝弯成直角。在弯角处再卷一个圆环，其大小刚好能够让钉帽穿过去。将另一根铁丝也做成图中所示形状。在两段铁丝的下端分别挂上两个大小一样的苹果。把铁丝末端折弯，勾住苹果，以免苹果掉落。将两个弯好的圆环分别挂在钉子上，把木板放在桌子边缘，并需确认该结构是否足够牢固。

在硬纸板上用铅笔画出两个"剑客"。把它们剪下来，用透明胶带固定在铁丝钟摆的上端，可以根据个人喜好给它们涂上颜色。现在把一个苹果拉向一边，然后放开，观察两个"剑客"如何决斗。

结果

两个苹果交替相互撞击时，一个苹果将振荡力传递给另一个苹果，两个"剑客"开始怒不可遏地相互进攻，但是每次进攻都达不到目的。击剑比赛一直持续到苹果停止摆动为止。

所需物品：
- 两个苹果
- 小木板
- 几根钉子和一把锤子
- 两根一样的粗铁丝
- 钳子
- 一张硬纸板
- 铅笔
- 剪刀
- 透明胶带

解析

在一个苹果撞击另一个苹果时，它的一部分动能发生转移，发起撞击的苹果减速并停止运动，而被撞击的苹果则加速飞离。保龄球在撞击后也是这样。如果两个苹果的重量完全相同，在相互撞击后，第二个苹果获得了第一个苹果的速度（飞离），而第一个苹果获得第二个苹果的速度（静止）。这种撞击会逐渐停止，因为一部分能量被消耗，撞击点处苹果被撞软。第二个苹果钟摆划着弧线向上飞离，弧度受到铁丝的长度限制，重力又把它拉回来，停止向上运动，开始加速向下运动，直到撞到第一个苹果为止。

这样交替撞击，一直持续到能量被消耗尽为止。能量在苹果相互撞击，克服铁丝环与钉子之间以及该结构运动部件与空气之间的摩擦力时被消耗掉。

复杂性：
实验必须在成年人的帮助下完成。

制造错觉

大家通常认为所看到的就是实际发生的，但事实上并非如此。在某些情况下，被欺骗的不是眼睛，而是大脑，它不仅仅接受信息，还会分析信息。例如，飞机飞向地平线时，你会认为，它越飞越低并靠近地平线。但实际上，在人们视线范围内，飞机的飞行高度没有变化。这种误判叫做错觉。我们也可以制造类似的错觉，让我们来做个实验，它第一眼看上去似乎是违背了地球引力原理。

所需物品：

- 薄的硬纸板
- 剪刀
- 铅笔
- 直尺
- 圆规
- 胶水
- 透明胶带或绝缘胶带
- 两根毛衣编织针或者细的木棍，长35~45厘米
- 两块木块或两本书

实验

在薄的硬纸板上用圆规画两个一样的圆，半径为 7 ~ 9 厘米，并把它们剪下来。然后在每个圆上画出相互垂直的两条半径，沿着两条半径所画的直线切除圆的 1/4。用剩余的 3/4 圆糊成两个一样的圆锥：底座的直径大约为 12 厘米。把两个圆锥底相互连接，用透明胶带或者绝缘胶带把底座粘在一起。

用两根毛衣编织针或者细的木棍做一个梯形的斜面，形状如同两条汇聚的轨道（如图所示），"轨道"下用几块不同厚度的木块或几本书作为支架。斜面高度约为 2 厘米，毛衣针之间距离最宽处应略微小于两个圆锥顶点间的长度。把双锥体放于"轨道"窄端，观察会有什么情况发生。

结果

双锥体开始上坡，即向"轨道"宽阔处滚动。

解析

第一眼看上去好像无法解释：根据物理原理，在地球引力作用下，双锥体不可能向上运动。这种不同寻常的特性可以

这样解释：事实上，双锥体没有向上升，而是向下降低！这是因为双锥体的重心与"轨道"中心相一致，它在朝"轨道"宽阔处方向运动时逐渐降低。这一点我们可以验证，如果把"轨道"双轨靠近，那么双锥体就不会顺着它向上滚动了。

复杂性：

实验可以独立完成。

2厘米

胶水

会自动爬坡的纸环

在日常生活中，我们观察物体习惯于凭个人经验去判断重心在哪里，以确定如何放置该物体，才能避免物体不稳。但是有时候，凭直觉和目测作出的判断往往是错误的，因为它们的重心完全不在我们想象的地方。例如，我们此前实验中的"不听话"的鸡蛋，它就像陀螺一样无法放稳。下面这个实验，它第一眼会让你觉得实验结果违背了万有引力定律，但实际是怎样的呢？

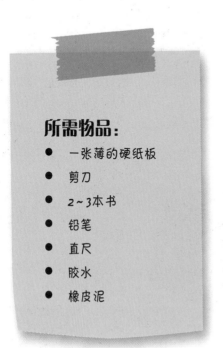

所需物品：
- 一张薄的硬纸板
- 剪刀
- 2~3本书
- 铅笔
- 直尺
- 胶水
- 橡皮泥

实验

用一张薄的硬纸板裁出一个纸条，长25~28厘米，宽2厘米，用它粘一个纸环。

在内环表面任意位置粘一块橡皮泥作为配重。请注意：配重的重量应该超过纸环的重量（没必要称重，放在手里比较一下即可）。

如果你给大家表演魔术，不想让其他人看见橡皮泥，那就用硬纸板剪出两个圆，其直径等于纸环的直径，把圆从两侧粘在纸环上（形成一个小扁鼓）。此时，可在纸环放配重的位置做一下标记来提示自己。

用直尺摆出一个斜面，直尺的一头放两三本书。把纸环放在直尺上，让配重在上面，略微偏向直尺抬高的那一端。然后把纸环松开，观察会发生什么。

结果

纸环向上滚动！这个取决于直尺斜坡的长度和配重的重量，当配重在底下时，它可能停下来，或者加速通过整个直尺，从上端滚落。

解析

带着配重的纸环在斜坡面向上运动的原因是重力的作用。既在纸环上又在配重上同时作用着的地球引力所形成的重力同时影响着两个物体。重力始终垂直向下。在重力作用下，纸环向下滚动，而配重也想向下落。物体重量越大，受到的重力也越大，所以在比较重的配重上所作用的重力就越大。因为配重粘在纸环上，在下落的同时会形成一些扭矩，它等于配重所受的重力与圆环的半径的乘积（力与力矩乘积）。配重创造的扭矩让纸环顺着直尺向上滚动。如果配重在向下运动时能蓄积足够的速度，那么根据惯性理论，它会上去再重新落下。纸环此时转的距离会超过半圈。

复杂性：

实验可以独立完成。

熟练地切水果

大家都喜欢观看魔术表演，但是自己动手表演魔术会更加有趣，这会让别人对你刮目相看。例如，你能否把刀刃放在正在下落的水果下面，使它们被一切两半？当然，如果你做上百次尝试，那么肯定有几次会成功。但只需一个小技巧，你一次就能成功。

实验

把一根长 15 ~ 20 厘米的线绑在梨把儿上，梨要挂得高一些，可以挂在吊灯上。然后小心地、不改变其状态，把梨往水杯里蘸一下，水滴从梨上往地板上落下来。事先记住水滴落地的位置，或者做一下标记，然后把水滴擦干净。请一个人，让他点一根火柴小心地把挂着梨的线烧断，不要触碰梨，避免改变梨的状态。手持一把刀放在梨正下方，在水滴滴落点的上方，刀刃朝上。

解析

作用在所有物体上的重力的方向都是相同的，即从物体到地心。在这个力的作用下，从一个点自由掉落的所有物体都沿着直线运动，不取决于自身的重量。因此，梨会恰好落到水滴的落点上。

结果

线被烧断后，梨刚好落到刀刃上，被一切两半。如果拿两把刀摆成十字交叉形，再稍加训练，那么落下来的梨会被切成 4 份。

复杂性：
实验必须在成年人的帮助下完成。

有弹跳力的面包瓤

有许多物体和材料，例如，弹簧和橡胶，被压缩、弯曲、拉伸后会恢复自己的形状，这种特性被称为弹性或弹力。它们被普遍应用在游戏用球、汽车轮胎、服装松紧带等方面。物质的弹性可以在一定的作用力下获得。如果想确认这一点，那就完成这个不复杂的小实验吧！

所需物品：
● 新鲜的面包瓤

实验

面包瓤实际上不具备弹性特征，它很容易被揉碎。现在，用新鲜的面包瓤捏成一个核桃大小的不匀称的六角星形或者七角星形（如图所示）。请注意：应先把面包瓤揉捏好，使它像橡皮泥一样。乍一看，

捏成的小星星，就同面包瓤一样，不应该有弹性。但是，把小星星用力往地板或墙上扔过去，结果会怎样？

结果

面包星星弹起来，就像皮球一样。这时候它的星角，就像受到撞击前那样，完整保留下来。在面包瓤未变干之前，无论你扔多少次，这颗星星都不变形。

解析

当面包瓤被揉捏的时候，它内部的小气泡被挤出来，同时充实了它的结构，使它具有了犹如橡胶一样的弹性。弹性是在物体发生应变时，即在被压缩、弯曲、拉伸后，其应变荷载停止作用，物体完全恢复其初始大小和形状的特性。当小星星撞

击地板或墙面时，星角发生弹性应变，被压变形，随后，立即伸直并恢复原始形状，把星星弹开。星角就像弹簧一样，在变形后能立即伸直，将星星朝其被挤压一侧相反方向弹开。请注意：为了实验成功，星星一定要用新鲜的面包瓤去捏，否则一撞就会碎掉。

复杂性：
实验可以独立完成。

怎样"堆水成山"

你可以随意选材来堆积一座"小山"，例如，用沙子、盐、糖、衣服等，可是能否堆水成山呢？第一感觉是可以堆积波浪山，但是波浪始终处于动态中。该任务虽然复杂，但是不造波浪也能完成。完成下面的实验，你就会确信"堆水成山"是可行的。

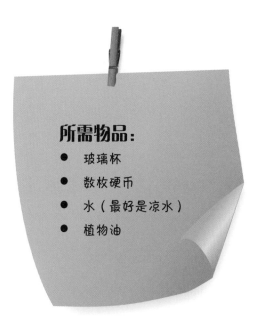

所需物品：
- 玻璃杯
- 数枚硬币
- 水（最好是凉水）
- 植物油

实验

拿一只洗净并晾干的杯子，在杯口蘸些植物油，并注满水，直到装不下为止。然后，小心翼翼地把数枚硬币依次放入杯中。

结果

随着硬币一个一个地被放入水杯内，水并没有溢出杯外，而是一点点地隆起，形成了一座"小山"。如果从杯子的侧面观察，很容易发现，随着往杯内投入硬币数量的增加，"小山"会越来越高，水的表面就像气球被吹起来一样。但是到了一定的程度，这个球就会破裂，水会顺着杯壁溢出。

解析

在这个实验中，在水表面形成的隆起是基于水的物理特性，叫做表面张力。其实质是，任何液体分子都可在液体表面形成一个薄膜，它会比容器内的液体结实些。为了让它破裂，必须给它加力。正是由于这层膜形成了"小山"。但是如果薄膜下水的压力太大，即"小山"隆起足够高时，它也会破裂。

形成"小山"的第二个原因是水没有很好地浸湿杯子表面，冷水比热水浸湿效果差。这是什么意思？ 水与硬的玻璃杯壁相互作用时，水未能牢固地附着在杯壁上，也不轻易向外浸溢。正因为如此，在形成"小山"隆起时，水不能马上溢出杯口。除此之外，在实验中为了降低水浸湿杯口的效果，涂上了植物油。假设使用汽油代替水，汽油会很好地浸湿玻璃，就不会形成任何"小山"了。

复杂性：

实验可以独立完成。

莲花效应

摩擦力对物体的运动既有正面的影响，又有负面的影响。在摩擦力微乎其微，又不施加任何外力的情况下，物体会沿着物体表面滑行。在滑冰的时候，冰刀与冰面之间形成了水的薄膜，降低了冰刀与冰面间的摩擦力，从而产生了滑动。在自然界中也有众所周知的"莲花效应"，即水滴可以毫无阻力地在莲叶和花瓣的表面滑动。完成下面这个有趣的小实验，你会独立再现该效应。

所需物品：

- 一张纸
- 剪刀
- 胶水
- 植物油
- 棉花
- 薄的锡箔纸（例如巧克力包装纸）
- 蜡烛和火柴
- 不同高度的小方木块
- 图钉
- 勺和小碟子
- 装满水的杯子

实验

如果在纸上滴一滴水，水会立即漫流并渗入纸内。如果把纸涂上植物油，水滴就会变成压扁的小球状，并在纸上滚动。

首先，用胶水粘一条长 60 厘米、宽 10 厘米的纸条，再用棉花做成棉球在纸条上抹上一层植物油。然后在桌面上搭放几个小方木块作为底座，由高至低摆放。最后用图钉把纸条固定在底座上，让它弯曲呈起伏的小山状（如图所示）。在纸条最底端放上一个小碟子。

观察莲花效应的第二种方法是涂烟黑。用锡箔纸来做条带（剪切锡箔纸，可以用胶水粘连，最好是随着小方木块的形态弄几个弯，接头处抹平整）。纸条一端小心地在蜡烛火苗上熏烤，让锡箔纸上均匀地覆盖一层烟黑。然后把纸条固定在几个小方木块上，如同小山的下坡。现在用勺子在小山的最高处往下滴水，观察会发生什么。

结果

水滴形成压扁的球体，并顺着斜面向下滚动，翻过一座又一座小山，最后一直流到小碟子里。如果同时多滴几滴水，它们会奔流起来，互相追赶，这将更加有趣。

解析

水滴在隆起的小山的表面轻巧地滑动，这是水的非浸润现象，被称为"莲花效应"。它是由于水分子与固体表面接触时没有被附着上。水不能很好地浸润涂上油的纸，而熏上烟黑的纸更是几乎无法让水浸润，所以水滴几乎没有任何阻力地滑动。在第二种情况下，烟黑和水滴之间有一个薄薄的空气夹层，能让水滴滑动得更为轻松。

复杂性:
实验可以独立完成。

水的**操控者**

水面漂浮的物体，能向各个方向运动，原因各有不同：可能被风驱赶，亦或随波逐流、顺流而下。可否控制住漂浮物呢？当然能，可用手来控制。可是，在不触碰漂浮物的前提下，还能操控它吗？当然可以，靠水的特性来操控。想知道怎么做吗？那就完成下面的实验吧。

所需物品：
- 一盒火柴
- 装水的小碗
- 一块香皂
- 方糖

实验

在装满水的小碗里小心地放进 10 ~ 12 根火柴棍。把它们摆放成放射线状，尽可能摆放均匀一些。

拿一块香皂，把香皂一端从火柴棍摆放中心处放入水中。观察火柴棍会怎样？

现在用方糖代替香皂，同样将其投放水中摆放中心处，观察火柴棍怎样变化？

结果

当你把一块香皂放入水中时，火柴棍马上远离中心向碗边漂去。如果用方糖代替香皂，火柴棍恰恰相反，向中心漂动，汇聚在糖块投入水中的地方。

解释

火柴棍状态变化的原因是，不同物体（香皂和糖）被放入水中，改变了水的一个重要特性，就是它的表面张力。这个现象的实质是，在任何液体表面都会由其分子形成一层薄薄的膜，这些分子相互连接

的力量大于容器内的液体分子的力量。为了打破这层膜，需要加大力量。

香皂大大地降低了水表面的张力。拿香皂触碰到水表面的时候，香皂开始溶化，与水混合。香皂的分子穿过水分子，降低了水分子间的相互引力。在香皂触碰水的地方，水的表面张力被破坏。而其他部位的表面张力则拉动火柴棍远离香皂，向杯壁方向运动。糖的作用刚好与香皂相反，

它会增加水的表面张力。因此，放入糖后，火柴棍被拉向小碗中心，汇聚在水中投入糖块的地方。

复杂性：

实验可以独立完成。

如何确认几何体的中心

如何确认几何体的中心？这里所说的"中心"是指几何中心，对于许多不复杂的图形来说，它的中心同时也是对称中心和重心。要找到中心，通常要先研究学习有关几何的书籍，之后借助直尺、铅笔或其他辅助工具去找到它。除此之外，还可以利用水和前面实验中所提及的物理知识，创建一个找到中心的新办法。

所需物品：
- 一张硬纸板或一张厚纸
- 剪刀和直尺
- 铅笔和圆规
- 小盆
- 滴管
- 针或者是大头针
- 水杯

实验

剪下一张厚纸或硬纸板，使它能自由地漂在装水的小盆里（先不用将它放入水里，目测即可）。用直尺、铅笔、圆规或直接用铅笔随意画出一个几何图形（正方形、长方形、三角形、菱形、圆形、椭圆形或其他图形）。然后，把铅笔浸入水杯中，尽量用湿铅笔来描画图形，让整个轮廓都均匀地浸湿，但是上面不要留下水滴或让水渗漏。将图形朝上，把纸片放入装水的小盆内。小心地用滴管往所画的图形上滴薄薄一层水。湿铅笔画过的浸湿的线条不会让水流到图形边线外。现在拿一根针或大头针，用针尖去扎图形上的水，但不要碰到纸。

结果

纸片这时开始动起来，发生偏移，直到所画图形的几何中心在针尖下为止。为确认中心是否正确，你可以提前找到图形中心并标记出来。例如，一个四边形的中心是对角线的交叉点，而三角形的中心是从角引出的三条高的交叉点。

解析

本实验能自动为几何图形定位，是由于水的物理性能，即表面张力。从前面做过的几个实验中，你已经知道它的实质就是：在水的表面由水分子形成一层薄膜。

它总是想缩小、绷紧，使液体表面最小化。针尖扎入水中后，你插入并破坏了那层膜，膜在针尖和图形边界之间拉紧。为使从各个方向的拉力都均等，针尖应处于与图形全部最远点相同的一个距离上（对于三角形和四边形来说就是从顶角算起）。所以表面张力会推动图形直到针尖到达需要的位置，即几何图形的中心为止。

复杂性：

实验可以独立完成。

47

不用胶水怎么粘东西

所需物品：
- 7个一样的葡萄酒瓶塞
- 装水的小盆

不用胶水可否粘住东西？你的第一感觉一定是不可能。如果有人问："用什么可以粘住这个？"回答是："想用什么用什么。"你会不会觉得很可笑？但做过这个实验之后你就会发现这是可以做到的。

实验

把一个瓶塞竖着放到盛水的小盆里，它会侧翻过来。但是，也有办法让它竖着漂浮。这个方法依据简单的物理原理。

把7个一模一样的葡萄酒瓶塞竖在桌面上，摆放成六边形（一个瓶塞在中间，另外6个围绕着它）。现在一下子把7个瓶塞用一只手拿起，把它们浸入水中（让水从各个方向把瓶塞浸泡）。然后轻轻地把它们抬起到水面上，小心翼翼地松开。

结果

几个木塞会竖着漂浮在水面，紧密地相互靠在一起，就像被粘住了。

解析

把木塞"粘住"的物理原理，叫做分子间的引力。其实质是：分子是构成物质的微小粒子，如果相互之间分布得很近，它们会相互吸引。在大多数情况下，固体的分子会因为这些物体表面的不平整而不能"贴紧"，使它们之间不能相互"粘"在一起。水（或者其他液体）轻易地填平了这个表面，因为一个木塞的分子被对面另一个木塞分子吸引的水分子吸住，这样就可以使分子之间相互"贴紧"而"粘住"。例如，一张纸在一扇干燥的窗户玻璃上待不住，但如果把玻璃或者纸张蘸湿，那么很容易粘住。

分子间的引力的原理应用广泛。例如，给手机屏幕或者平板电脑屏幕贴一层保护膜，无须使用胶水。给平整光滑的玻璃屏幕表面铺上有弹性的膜，基于分子之间的引力它就可以被紧密地粘住。

复杂性：

实验可以独立完成。

出水不湿

你是否想过如何从水中出来时保持浑身都干爽呢？当然，你可以穿着蛙人的潜水服！事实上，此时衣服也是湿的……能否下水后衣服不湿呢？这个也有可能，为此需要准备特殊的疏水性物质。

实验

向装水的小盆里放入小件金属物，例如硬币或金属环。为了能取出硬币而不弄湿手，必须使用有疏水性能的粉状物质，将它撒在液体表面一层，这样它会分散在水面，不被浸湿。

为此，需要使用石松石，它是淡黄色、摸起来油腻、无味的粉状物，很容易就能粘在手指上。石松石不溶于水因而漂浮在水面，但请注意，它在水沸腾后会沉底。石松石被当做药粉出售，可以在专门出售纯天然化妆品的商店买到。

在水面上撒上薄薄的一层石松石粉，然后你可以大胆地把手伸到小盆里去把东西捞出来。

结果

水没有把手弄湿，手上就像戴着手套

所需物品：
- 石松石粉
- 小盆
- 小的金属物件（例如硬币或金属环）

一样，覆盖了一层石松石粉。

戴着这个不透水的"手套"甚至可以把手伸到热水里（最好是不会对手造成伤害的安全温度），薄薄的一层石松石粉和空气会保护你的手。

解析

石松石粉具有的保护性是因为它有非常高的疏水性能，就是它不会被浸湿、不沾水。与石松石粒子表面相互作用的水分子会沾湿手和皮肤，但是绝对不会沾在石松石粉上。除此之外，撒入水中的石松石粉非常轻、非常细小，水由于表面的张力不能穿透它的粉层，从而接触不到皮肤。

测量水表面张力

我们在前面的实验中研究过液体表面的张力，能够解释很多液体特有的现象。例如，水从衣服表面慢慢淌下时形成水滴是因水表面张力作用下，水滴不能立即往下流，其表面的膜使其形成水珠，然后变成小水滴或形成瓶颈状后开始滴落。如果物体表面有很多小孔，水滴完全不能形成，表面张力不会让水渗透进入细小的网状表面，例如，雨伞的伞面就不会被水渗透。

实验

用直尺和圆规在硬纸板上做一个纸板条：长 15 厘米、宽 1.2 ~ 2 厘米，一端为圆形。把所画图形剪下来折叠两次呈直角（如图所示）。两个折弯点之间的距离为 4 ~ 5 厘米。两个折弯点要加固一下，多粘一条硬纸板。准备两个同样的纸板条，但是两端所带的圆的直径大小不一样，分别是 3 厘米和 6 厘米。

先把带直径略小圆的纸板条放在空杯的杯沿上，移动它使它靠近杯壁或者远离杯壁，让它保持平衡，然后小心地倒水，直到水触碰到圆纸板为止。现在往杯口外的纸条上一个一个地摆放硬币，纸条不要离水杯太远。观察会发生什么。再用第二

所需物品：

- 一张薄的硬纸板
- 剪刀
- 铅笔
- 直尺
- 圆规
- 胶水
- 一把大小相同的小硬币
- 玻璃杯
- 水

张纸板条同样重复以上操作。

结果

浮在水表面的圆纸板会让纸板条禁得住数量足够多的硬币。但是在某个瞬间，依次摆放的硬币会让圆纸板"开胶"。为了让直径大两倍的圆纸板"开胶"，那就要使用两倍以上多的硬币。

解析

在水的上表层作用着朝向液体内部的几个力。该层给水一个压力，被称为水

分子压力。分子压力作用是尽量缩小水的表面积，也就是说使大量的液体凝结成球状。因为在相同的体积下球形的表面积最小。仔细观察被拉伸的液体表面膜，它总是要被缩减。为了能保持住它，会产生一个与它抗衡的力叫做表面张力。它随着膜的边界长度的增加而扩大。当圆纸片要与水表面脱离时，膜还在设法控制它，膜的断裂力实际上等于液体表面的张力。膜表面断裂线的长度根据圆的直径确定（长度 = 3.14 x 圆的直径），所以为了把直径大两倍的圆纸板脱离开，那就需要两倍多的硬币。

复杂性：

实验可以独立完成。

多彩密度柱

密度是物体的一个重要物理特性。质量相同的不同物体，由于密度不同体积也不同；而体积一样的物体，由于密度不同质量也不同。单位体积质量越大，物体的密度越大。例如，密度较小的物体可以漂浮在密度较大的液体表面。如果你在不同的水系里游泳，就可以亲自体验物体密度特性，在咸的海水里比在淡的河水或湖水里要轻松些。因密度不同，不仅能让固体漂浮，而且还能让一些液体漂浮在其他液体表面。完成下面这个实验，你就能把不同液体层次分明地倒入水杯中。

所需物品：

- 高脚玻璃杯，最好选用圆锥形的
- 4张厚纸
- 剪刀
- 甜的冷咖啡
- 水
- 绿药水①混合液
- 干红葡萄酒
- 植物油
- 酒精

实验

为得到不同色彩的液体柱，应把液体按照一定顺序并以特殊的方式倒入杯中，液体不要混合倒入。首先，往杯底倒入一点甜的冷咖啡，然后用一张纸卷成漏斗，把它的尖端折成直角（如图所示），再把尖剪去，让底端小孔尺寸均匀，犹如火柴棍大小。总共需要 4 个这样的小漏斗，每个供余下的一种液体使用。

往水内滴几滴绿药水，搅拌均匀。将

第一个纸漏斗的底孔贴近杯子内壁，然后小心倒入染色的水。请注意：让液体细流顺着杯壁流到咖啡上面。倒入与咖啡一样多的绿药水混合液。用第二个纸漏斗以同样方式倒入一层干红葡萄酒，用第三个倒入一层植物油，再用第四个纸漏斗倒入一层酒精。

结果

全部五种液体依次相互层叠，在相当长的时间内不会混合。

---

① 俄罗斯等独联体国家常用的医用药水，用于消毒伤口，英文 Brilliant Green。

解析

在水杯内液体依次相互层叠是因为它们的密度不同。密度小的液体漂浮在密度较大且比较浓稠的液体表面，底下三层液体都是以水为主，但是却有不同的密度。底层的密度较高是因为混合了咖啡和糖。葡萄酒的密度略小于水，因为其含有密度小的酒精。除此之外，植物油不溶于水，它有疏水性。而酒精的密度要比油小，所以它会漂浮在油的上面。

复杂性：

实验可以独立完成。

水中燃烧的蜡烛

大家都知道，如果往火上浇水，它会熄灭。可你知道这是为什么吗？因为水不能燃烧吗？从某种程度上来说是这样，但却不完全是。

因为可燃物体在足够高的温度下会燃烧。降低温度或冷却物体，火焰就会熄灭。水可以冷却可燃物体到其不能燃烧的温度。如果水不能完全冷却可燃物体，那么水就不会影响该物体燃烧。做完这个用蜡烛表演的有趣实验，你就可以证实这一点。

所需物品：
- 装满水的玻璃杯
- 蜡烛
- 钉子
- 橡皮泥
- 火柴

实验

为做实验，你需要一根能在水里竖着漂浮的蜡烛。如果把蜡烛放到水里，它会横着漂浮，为使它能竖着漂浮，应加重它的底部。

用点燃的火柴加热钉尖，把钉子插入蜡烛，它插入蜡烛就像插入油里，而冷却后钉子就能固定住。

选用钉子的要求：钉子的重量几乎能把整根蜡烛浸入水中，而水面上只露出一点点石蜡和烛芯。如果有必要，在钉子上可以加一块橡皮泥来增加重量。当蜡烛能漂浮时（如图所示），就点燃它，观察会发生什么现象。

结果

随着蜡烛一点点地燃烧，它开始上浮，直到燃尽为止。整个燃烧的过程中，烛芯周围会形成一个很深的漏斗。

解析

水把外围的石蜡冷却，而内部的烛芯却在燃烧。石蜡不善于传导热量，所以水不能冷却它以至于熄灭蜡烛。从火焰的角度看，也不能完全熔化从外侧被水冷却的石蜡。结果只有烛芯周围的石蜡熔化，形成了漏斗。露出水面的那段蜡烛没被冷却，所以熔化并燃烧，在水面上只留下足以被冷却的那一小部分蜡烛。

在蜡烛燃烧的过程中,重量在减少,相应地,作用在蜡烛上的重力也在减少。为了能维持平衡,把物体推出水面的浮力也在减少,因此蜡烛在燃烧时逐渐上升。

用手掌提起水杯

一只手可以拿起装满水的水杯吗？当然可以。可是，如果不用手指，只把手掌放在水杯杯口上，能提起来吗？这有点像魔术，要知道，在这种情况下需要把水杯吸附在手掌上。其实这不是魔术！你不需要灵活的双手，只需要掌握简单的物理知识。

所需物品：
- 水杯
- 水

实验

往水杯里加满水，差一点到杯口，把它放在桌子上。手掌盖在杯口上，四只手指向下弯呈直角（如图所示）。为了让手掌更好地粘在杯口，事先要用水把手掌稍微蘸湿。然后在用掌心按住水杯的同时迅速伸直手指，动作要快。

结果

水杯被吸在掌心，即便抬起手，它也不会掉落！尝试一下用大小不同的水杯来做这个实验，但是开始时要用打不碎的水杯多加练习。

解析

地球大气层的空气在地心引力的作用下有一定的重量。如果水杯内部绝对真空，那么1平方厘米空气的重量约为1千克。

当你将手掌压住水杯的时候，突然伸直手指，此刻你的手掌给水杯内一个压力，挤出了少许空气，在容器里形成了真空。

在大气压强的作用下，外面的气压大于杯内的气压，水杯就被吸附在手掌上了。由此可见，当玻璃杯内的空气逐渐被排出，压强逐渐降低时，大气压强会把水杯压在手掌心，外部大气压力越大，作用在水杯上的吸力就越大。日常生活中也有类似的情况，例如，胶皮吸盘能吸附在墙上。

用水杯做钟摆

从前面的实验中得知，手指不用握着水杯，就能提起装满水的水杯。现在，让我们试着增加任务难度，把装水的水杯用绳子挂起来，让它作为钟摆来摆动。只是绳子不能绑在水杯上，而且也不能碰到它！同上次一样，这次大气压力也会帮助我们。

实验

用硬纸板剪一个正方形或一个圆形，尺寸大小能够盖住杯口，距杯口边留出约两指宽的余量。在中心钻一个小孔，将细绳穿过小孔，在一头打个绳结，不让纸板脱落。用橡皮泥把小孔腻住，不让它透气。

为了能让水杯很好地与硬纸板粘牢，最好事先在杯口涂上一层凡士林，然后往水杯里倒满水，直到没到杯口为止，再用硬纸板把它盖上（如图所示），最后平稳地将细绳提起来。

结果

水杯和硬纸板一起被提起来，挂在上面就像被粘住了一样，而且还可以像钟摆一样，即使晃动水杯，它也不能从纸板盖上脱落。

解析

这个实验借助于大气压力才能成功。空气有一定的质量，并且对所有物体包括人体都有压力。所以，它作用在硬纸板上，压着它粘住水杯；同时也作用在水杯上，压着它贴住纸板盖。

第二个支撑杯子的力是水表面的张力。你大概还记得，在此前的实验中，在任何液体的表面它的分子都会形成一层膜。这层膜比膜下面的水要结实，要想打破它，需要施加一定的力。这个膜边长越长，所要求的力就越大。为了能把纸板和水杯分开，应该沿着纸板和水杯接触线打破水膜。

由此可见，短粗的水杯比细长的水杯保持的效果更好一些。

所需物品：

- 水杯
- 水
- 凡士林
- 细绳
- 一张硬纸板
- 剪刀
- 橡皮泥

复杂性：
实验可以独立
完成。

61

坦塔罗斯杯

在希腊神话中，有一个名叫坦塔罗斯的吕底亚国王，他由于贪婪受到诸神之首宙斯的惩罚，必须忍受干渴的痛苦：他站在水里，张开嘴，但就是喝不到水。当水位升到唇边，站着的坦塔罗斯稍向前倾，水就立即消失。过一段时间，水又重新出现，但只要坦塔罗斯想喝就会又消失，就这样循环不止。虽然坦塔罗斯没有任何发明创造，但是有人却以他的名字命名了一个装置——"水计量器"，它经过一定时间可以精确测量液体。你也可以自己动手制作一个这样的"坦塔罗斯杯"。

所需物品：

- 鸡蛋壳
- 锥子
- 吸管
- 金属盖帽
- 葡萄酒瓶塞
- 折叠刀
- 橡皮泥
- 三把一样的餐叉
- 水杯
- 水

实验

准备一个鸡蛋壳，从上面去掉它的 1/3，用余下部分做一个碗，从底下用锥子小心地钻一个小孔，大小刚好通过一根吸管。

用葡萄酒瓶塞做支架。首先，要在瓶塞上横向穿一个能通过一根吸管的孔。在瓶塞上部用刀切一个小凹槽，用来放置蛋壳碗。将餐叉齿插入瓶塞，做成三脚架（如图所示）。

从木塞底部插入吸管，从上面安放蛋壳碗，并用吸管从底部穿入，将金属盖帽放入蛋壳碗内。调整吸管的位置，使它差一点就碰到盖帽的底，之后用橡皮泥腻住连接处，并把蛋壳碗固定在瓶塞上。然后，把水杯放在三脚架下面。量水槽准备就绪，可以工作了。小水流慢慢地注入蛋壳里，观察该装置如何工作。

结果

蛋壳内的水位线会一直升到与盖帽的底齐平为止，这时水会快速地从管内流到三脚架下面的水杯内，直到完全漏光为止。如果你向容器内均匀地倒入细水流，例如，可以将该装置放置在调整好的自来水水龙头下面，那么从"坦塔罗斯杯"流出每一份水的时间间隔都相同。水流应适当调节，使它比从底下流出装置的水流更细小。

解析

你自制的装置是一个自动的虹吸管。虹吸管（源于希腊语，意为"管""泵"）是指具有不同长度的弯管，用于将液体从上面的储存器自动转移到下面的储存器。由于两个容器的水平高度差异，液体沿着管移动。 但如果通过管的液体流动被中断（例如，通过填充空气），则溢出停止。

在你的虹吸管中，水逐渐装满蛋壳，此时一直到顶，且充满盖帽下面的空间。当液体充满吸管时，水开始通过吸管往水杯里排，直到蛋壳内的水位线低于在盖帽下面与蛋壳的交接处为止。这时排水停止，蛋壳重新装满水。水位达到吸管入口位置时又重新开始排水。只要是有水流入蛋壳，排水就会持续下去。

复杂性:
实验最好在成年人的帮助下完成。

用萝卜做吸盘

你大概听说过吸在人、畜身上的水蛭，以及用带有吸盘的触角来捕食的章鱼。当然，也会不止一次地见过苍蝇平稳地在天花板上起落。水蛭、章鱼、苍蝇都有吸盘，而且都有专门用途，有摄食、吸附和运动等功能。例如，章鱼有肌肉吸盘，当它捕食的时候，会收缩肌肉，吸附住食物，然后再放松吸盘，抓住食物。类似的装置——吸盘，可以自己动手做，例如，用萝卜来做。

实验

把萝卜一切两半，切口应平整，拿起带根须那部分，在萝卜瓤里用刀挖一个圆锥形的小坑。做这个要非常小心，不要碰坏萝卜皮覆盖的边缘，然后把萝卜在水里稍微蘸一下，用力把挖好坑的横切面按到盘子上，把空气从萝卜块内挤出来。

结果

现在，试着一下抓住萝卜根，把萝卜提起来。结果，连同萝卜一起，盘子也被

提起来了。类似的吸盘还可以用其他蔬菜做：土豆、甜菜、胡萝卜。

解析

重力把盘子往下拉，在萝卜的作用下形成一个小的空腔，压力很低，几乎没有空气。外侧大气压力作用在萝卜和盘子上。外部空气压力要比萝卜内部的压力大得多，它把萝卜压在盘子上。边缘处与盘子粘得很密实，所以不会有空气透到里面去。如果透气了，那么内外压力相同，就吸附不上了。为了让吸盘脱开，就要施加额外的力。

复杂性：
实验最好在成年人的帮助下完成。

自制喷泉

人们建造各种漂亮的喷泉供观赏，有的喷泉喷出的水柱非常高，有的则是涓涓细流。喷泉是将水通过组合设备喷洒出来，供水装置一般为水泵。你在家里不用水泵也能做一个小喷泉，只需在水里制造所需要的压力。

所需物品：

- 带瓶塞的小玻璃瓶
- 用完的圆珠笔芯或一次性注射器上的针头
- 橡皮泥
- 锥子和小刀
- 盘子
- 容积2～3升的防火玻璃罐
- 几张纸
- 水
- 蜡烛和火柴

实验

取一个小玻璃瓶，例如小药瓶。在瓶塞上用锥子扎一个孔，把用完的圆珠笔芯管插入小孔内。用刀把笔芯管切到需要的长度：管的底部刚好接近瓶底，上部刚好露出瓶塞一点。在细管和瓶塞连接处用橡皮泥腻住。在小瓶内装3/4的水，密实地盖好插着细管的瓶塞。也可以用一次性注射器上的针头来代替圆珠笔芯管，这种情况下，喷泉的水流会很细，且喷的时间会更长一些。

在盘子上放几张浸湿的纸，在纸上面放小药瓶。点燃蜡烛，拿着防火玻璃罐，把它翻扣过来放在烛火上，加热罐内的空气。现在把玻璃罐扣在小药瓶上，用手压住它使其与盘上的纸紧密结合（如图所示）。

结果

玻璃罐开始冷却，而罐内从插入小药瓶塞的细管里开始有水喷涌而出。

解析

当你拿着玻璃罐放在烛火上的时候，罐内的空气被加热而膨胀，一部分空气从罐口排出。盖住了小药瓶后，玻璃罐开始冷却，其内部空气收缩。而浸湿的纸不让外面的空气进入罐内，所以罐内的压力降低。小药瓶内的空气压力变得大于罐内的压力，压力作用在水上，水最后从细管以喷泉形式流出。

用报纸折断木板

你觉得一张报纸是轻还是重？其重量不过几十克而已，很容易被风吹跑，也可毫不费力地被团成小球。报纸虽轻，但却可以成为"沉甸甸的配重"。可信吗？让我们通过实验来验证。

所需物品：
- 一张报纸
- 薄木板或者制图用的木制靠尺
- 木棒

实验

取一块宽 3 ~ 6 厘米、长 50 ~ 60 厘米的薄木板，也可用同样尺寸的薄胶合板或绘图用的木制靠尺。把木板放在桌边，使其处于平衡状态，只需用手指轻轻一碰探出桌边的那端，它就会轻易地掉落。在木板上面铺上一张报纸，尽量展平，让报纸与木板和桌面严实地贴附在一起。让我们验证一下，一张很轻的报纸能否禁得住一块木板。现在，请用拳头或手掌去击打探出桌边那端的木板。结果会怎样？

结果

在击打后，木板纹丝不动。这令人感觉，在木板上放的似乎不是一张报纸，而是更重的一块木板。现在，请拿起一根木棒全力击打探出桌边那端的木板，它会被

折断，而报纸覆盖的部分将保持原样，好像什么也没有发生过。

解析

报纸突然变得很重，是因为在它的上面作用着大气压力，而在下面作用着重力，使它有了一定的重量。在 1 平方厘米报纸上作用着约 1 千克的空气压力。

一张报纸的平均尺寸约为 58 厘米 ×42 厘米，其面积是 2436 平方厘米。也就是说，一张报纸上作用着大约 2.5 吨的空气压力。在击打木板时，空气没有来得及穿透到报纸的下面，补偿上面的压力，报纸岿然不动。如果慢慢地拿起一张报纸，

空气来得及穿透到它的下面，下面就会有同样的压力作用在报纸上，报纸就可以轻易被拿起来了。

复杂性：

实验可以独立完成。

空气助手

看不见、摸不着的空气无处不在：它经常会把门窗吹得啪啪响，把帽子吹跑，把雨伞从手中吹飞，把树木吹倒。此外，它还可以把桌面上的硬币抛到你手心里。

实验

把一枚硬币放在你面前的桌子上，任务是手不碰硬币，拿到它。把手平摊在硬

所需物品：
● 一枚硬币

币后面距离 5 ~ 7 厘米的地方，不要触碰到桌子（如图所示），突然向桌面吹气。不直接从硬币所在位置，而是在它前面距离 4 ~ 5 厘米的位置开始吹气。

结果

空气会被你的吹力压缩，渗透到硬币处，直接把它抛到你的手心中！如果你第一次没有成功，这没关系。多做几次练习，你会轻易地拿到从桌子上飞出的硬币。

解析

空气给物体施加压力的大小取决于空气分子的数量及其运动的速度。当吹出的空气被压缩时，其单位体积分子的数量扩大，运动速度也增加，所以在空气流动中，它的压力也同样大于周围空间内的压力。气流在硬币正面的边沿形成一个比较大的压力，它把硬币抬起，使空气透入硬币下面。从下面作用在硬币上的空气压力大于作用在硬币上面的压力。压力差把硬币抛向气流通过的上方，恰好是你手的方向。

会蹦跳的硬币

复杂性：

实验可以独立完成。

如果不触碰硬币和杯子，能否把一枚硬币从高脚杯里拿出来呢？当然！你可能猜到了，这次空气会再一次帮助你，确切地说是气流。

即跳出高脚杯，大硬币又翻转回到水平状态。

实验

请注意：为使实验成功，选一枚大硬币，使其放入高脚杯内时，不会放置太深，且比小硬币尺寸大2倍。在高脚杯底先放一枚小硬币，上面放那枚大硬币。应该水平放置，略微低于高脚杯杯沿，就像杯盖一样（如图所示）。用力吹这个大硬币的边沿，结果会怎样？

解析

你吹出的气流在大硬币边沿产生压力，把它翻转后又顺着杯壁进入高脚杯内，然后到达杯底，顺着对面的杯壁向回运动。大硬币此时起到一个风门的作用，它把空气分成两股气流：进入和流出。因为高脚杯是一个圆锥形，在最狭窄的地方气流会达到最大的压力和速度，而这恰恰是杯底，形成涡流。这个气流的速度裹挟着小硬币，让它随着气流被抛出高脚杯。

结果

大硬币翻转变成垂直状态，小硬币随

所需物品：
- 大小不等的数枚硬币
- 锥形高脚杯

怎样让瓶塞"顺从"

有时候，外观看上去很简单的物体并不是我们想象的那样，其性能会欺骗我们的直觉。例如，我们觉得奶酪越大，它里面的空洞越多，但实际上是奶酪越小，其空洞越多！亦或，你也会认为，如果瓶塞比瓶嘴小，它就更容易掉入瓶内。但实际上，并非如此。如果你不相信，来做个有趣的实验去验证。

实验

取一个软木塞，挑选瓶口尺寸大小能够轻易让瓶塞通过的瓶子。如挑选瓶子费力，那么就用刀和砂纸把瓶塞的厚度磨薄变细，使它能够塞入瓶子里，并略有间隙。

所需物品：
- 软木瓶塞
- 玻璃瓶
- 小刀
- 砂纸
- 吸管
- 蜡烛和火柴

把瓶子放在桌子上，把瓶塞放入瓶口，让它落入瓶底。现在尝试用另外的方法，把瓶塞投入瓶内。瓶子侧放，把瓶塞放入瓶口处，用力吹瓶塞，尝试一下把它吹入瓶内。

结果

瓶塞没有飞入瓶内，恰恰相反，它从瓶口飞出！无论你多么用力吹，它仍然顽固地不想钻进瓶内。有几个技巧可让瓶塞听话。

第一个方法：用吸管对着瓶塞吹气，它轻易地就进入瓶内。

第二个方法：把嘴唇贴在瓶口，使劲往嘴里吸气。之后迅速把嘴唇移开，瓶塞瞬间进入瓶内。

第三个方法：在往瓶里吹瓶塞之前，把瓶子加热。点燃蜡烛，为避免被烧伤，小心翼翼地拿着瓶子在烛火上烤。之后，你可以大胆地向瓶塞吹气，它会乖乖地钻入瓶内。

解析

在瓶塞与瓶口之间有缝隙，当对着瓶塞吹气的时候，同时也在往缝隙吹气。这时，气流不仅不让空气从瓶内排出，留出空位给瓶塞，而且通过缝隙吹入瓶内，增加了瓶内的空气压力，正是这个压力把瓶塞往外顶出来。

如果通过吸管对着瓶塞吹气，那么从吸管排出的空气将直接作用在瓶塞上，推动它往瓶子里运动，而且不妨碍多余的空气从缝隙排出瓶外。瓶内空气的压力没有增加，由此瓶塞轻易进入瓶内。

从瓶内吸气时，瓶内压力减少；气流进入瓶内被吸走空气的地方，把瓶塞顶入瓶内。

当瓶子被加热后，瓶内的空气开始膨胀，一部分空气被排出到外面。然后，瓶子冷却，瓶内空气也随之冷却，开始收缩，变得不足。向瓶内吹气后，吹入的空气弥补了瓶内不足的那份空气，把瓶塞吸入瓶内。

吹箭筒

许多现代技术装备都是在空气的帮助下工作的。例如，借助空气工作的吸尘器，给汽车轮胎充气的气枪，以及可以代替火药的气动武器气枪或者吹箭筒等。吹箭筒是古代用来狩猎的武器，有时也会用于军事。吹箭筒是一根长 2 ~ 2.5 米的管，在射手吹出的空气的作用下，箭头被从筒内射出。在南美洲、印度尼西亚群岛以及其他一些地方，至今人们仍在使用它来狩猎。该气动武器的缩小版你也可以自己动手做。

所需物品：
- 塑料管、金属管或玻璃管
- 针或者大头针
- 绘画毛笔或油漆刷
- 绝缘胶带
- 剪刀和线
- 小羽毛
- 泡沫塑料
- 火柴

实验

用长 20 ~ 40 厘米、内径为 10 ~ 15 厘米的塑料管、金属管或玻璃管来做吹箭筒。其他比较适合的管也可以，例如，伸缩式鱼竿的第三节或是雪杖，也可用厚纸筒，为增加强度外面用绝缘胶带将纸筒缠绕。

可以采用其中几种方法来做箭。

第一种方法：从绘画毛笔或油漆刷上取一束毛，一端用线扎紧，然后往扎好的结扣上插入一根针或者大头针，缠绕绝缘胶带，加固结扣。

第二种方法：用小羽毛根来代替毛发，例如，填充枕头的羽毛。拿几根羽毛，用绝缘胶带直接把针与羽毛粗的一端缠绕在一起。用剪刀修剪一下羽毛的边缘。

第三种方法：用火柴棍来做箭杆，而羽毛用泡沫塑料代替。把火柴棍插入尺寸为 15 ~ 20 毫米的泡沫塑料块中心，然后用剪刀把箭尾修成圆锥形，其底面直径等于吹箭筒内径。把针或者大头针用绝缘胶带缠绕在火柴棍做的箭杆的另一端。

把箭放入箭筒，箭尖朝前，把箭筒放在紧闭的嘴边，张开嘴突然吹气。

结果

箭从箭筒里飞出来，能飞 4 ~ 5 米的距离。如果拿根长管，那么稍加练习，选择最佳的尺寸和重量的箭，你可以击中距离在 10 ～ 15 米处的目标。

动能传递给它，足够让箭飞出一段距离，但是由于与空气的摩擦力让箭的飞行力逐渐被消耗，最后它会落下来。

解释

你吹出的空气需要通过狭窄的管道排出，此时空气的运动速度会成倍增加。因为在管内还有箭，阻挡了空气的自由运动，空气再一次被压缩，此时蓄积了强大的能量。空气的压缩和高速运动驱动着箭，把

复杂性：
实验必须同成年人一起完成。

气动起重机

你也许在气垫上躺过，气垫中的空气被压缩，所以能禁得住你的重量。压缩空气具有强大的内部能量，并可对周围的物体施压。每一位工程师都会说，空气是一个出色的工作者。传送带、压力机、起重机和很多其他机械都靠空气来工作，它们被称为"气动机械"。"气动"一词源自古希腊语，意为"充气的""气吹的"。你可以用简单的手边物体，做一个最简单的气动起重机，并且检验它压缩空气的力量。

所需物品：
- 结实的塑料袋
- 两本沉点的书

实验

在桌面上摆放两本沉一点的书，摆成"T"字形（如图所示）。尝试吹它，看能否将书吹倒或吹翻。无论你使多大劲儿，也不能如愿。乍一看，这个任务非常艰难，实际上，凭借你吹气的力量完成该任务并不难。为此，首先要捕获、锁定吹出的空气，就是说把它制成压缩空气。在书下方放一个厚的塑料袋，检查它是否漏气。用手握住开口，向塑料袋内吹气。不要着急，慢慢吹，使空气充满塑料袋。仔细观察，会发生什么现象？

结果

塑料袋逐渐鼓起来，把书抬得越来越高，最终把书掀翻。

解析

当空气被压缩时，单位体积内的分子数量会增加。分子不断撞击塑料袋，空气在塑料袋里被压缩。从各个方向作用在塑料袋壁上的空气压力增加越多，空气被压缩得越厉害。压力由施加到塑料袋壁上单位面积的力表示。当作用在塑料袋壁上的空气压力变得比作用在书上的重力还大时，书就会被抬起来。

复杂性：

实验可以独立完成。

吹不灭的蜡烛

蜡烛不是灯，它很轻易地就能被过堂风吹灭。但是，熄灭蜡烛也不总是像看起来那么简单，这取决于用什么形式吹蜡烛。做完这个实验，你就会明白，有时候人用吹气的方式不足以熄灭蜡烛。

所需物品：
- 蜡烛
- 火柴
- 塑料漏斗

实验

点燃蜡烛向它吹气，它会熄灭。再次点燃蜡烛，尝试一下其他形式，这次是通过漏斗吹气，通过窄口处向宽口处吹气，宽口朝向蜡烛（如图所示）。

结果

无论你怎么用力吹，都无法吹灭蜡烛。即便是你靠近蜡烛也不行，充其量是火苗朝向漏斗，迎着吹过来的空气偏转。为了能吹灭蜡烛，需要调整漏斗的倾斜度，使火苗处于漏斗宽口的延长线上。

解析

当你通过漏斗窄口吹气时，空气顺着漏斗高速运动。到达宽口后，与宽口内的空气相碰撞，顺着漏斗壁分散流出。除此

之外，空气自漏斗窄口流向宽口时，它的运动速度急剧下降。顺着宽口壁运动时，气流从漏斗的锥形中心引出空气。结果中心形成了一股与吹来的空气方向相反的气流。这很容易发现，蜡烛的火苗会被气流引得向宽口一侧偏转。因为空气的基本气流是顺着漏斗壁运动的，所以只有在宽口边沿对准蜡烛火苗时，才能把它吹灭。

复杂性：

实验可以独立完成，但需要有成年人在场。

对流螺旋体

在自然界中，有很多第一眼看上去让人百思不得其解又非常有趣的现象。例如，气球在风中会越升越高，鸟展开翅膀能在空中自由翱翔。按照惯性思维，在地球引力的作用下，它们应该下落。这些奇怪的、有违万有引力的现象，是由于从地面向上空升起的特殊气流而形成的，这种气流被称为对流。通过一个简单装置——对流螺旋体，就可以发现这种气流。

实验

在一张厚纸上，以8～10厘米的外径绘制卷曲蛇形的螺旋形，然后剪下螺旋形纸条。在中心用剪刀尖扎一个小凹槽，但不穿透纸张。

用钳子把毛衣编织针弯成一个支撑架（如图所示）。如果没有毛衣编织针，用一段尺寸合适的铁丝也可以。把螺旋纸条放置在毛衣针支架尖上，这时螺旋纹须会垂下来，形成一个好似螺旋楼梯的圆锥形。对流螺旋体准备就绪，可以工作了。

结果

把这个对流螺旋体放在任何一个热的物体上方：打开的台灯、热的熨斗、工作的电池、使用中的厨房炉灶。螺旋体开始旋转，物体越热，它旋转得越快。

解析

热的物体散发热量，把周围的空气也加热了。热气扩张，密度变小、变轻，密度大的冷空气占据了上升气流的位置。空气再次被加热后，也同样上升，其位置又被冷空气占据。这样每个被加热的物体的上方都形成一个上升的气流，就是说每一个热的物体都在向上"吹热风"。在热空气向上运动的时候会冲击螺旋纹须，使它如同螺丝旋在螺纹上一样旋转起来。

所需物品：
- 一张结实的纸
- 铅笔
- 剪刀
- 毛衣编织针或铁丝
- 万能钳

如何保护火种

复杂性：

实验最好在成年人的帮助下完成。

在郊外或户外度假的夜晚，外出活动时，许多人会打开装有电池的手电筒来照明。有时，照明不得不使用普通的蜡烛，它不仅比电池便宜，而且燃烧的时间也长。为了防止火苗被风吹灭，可以用玻璃筒或蒸馏瓶罩住蜡烛。但是，当玻璃保护罩下沿贴近放蜡烛的底座时，火苗就会变暗，也可能会熄灭。有一种方法可以避免这个问题。

实验

把蜡烛放在桌子上，然后把它点燃，盖上玻璃筒或者烧杯，过一会儿，火焰一点点地变暗或完全熄灭。为了让它亮起来，在玻璃罩下垫两根筷子或细木棍，把罩稍微抬高离开桌面。但是，玻璃罩在筷子上并不稳固，如果是大风天，这样的装置会轻易被弄翻打碎。

所需物品：

- 蜡烛和火柴
- 玻璃筒或烧瓶
- 两根筷子或细木棍
- 回形针
- 一张结实的纸
- 剪刀

为了恢复火焰的亮度，不至于变暗或熄灭，还有一个保护火苗的方法。把回形针拉直放在玻璃筒上。从一张结实的纸上剪下一张纸条，长 5 ~ 8 厘米，宽与玻璃筒上部分直径相等。把纸折成弯钩状挂在拉直的回形针上（如图所示）。

结果

变暗的火苗迅速恢复了以前的亮度，而且燃烧得很好。

解析

火焰的燃烧，如同人的呼吸都需要氧气，氧气在空气中占 21%。如果氧气数量减少，那么火焰会变暗直至熄灭。在蜡烛燃烧时，氧气被消耗（确切地说是把石蜡氧化），且分解出二氧化碳气体和水蒸气，它们都不助燃。当蜡烛被玻璃筒罩住时，来自空气的氧气的通道受阻，二氧化碳和水蒸气积聚在罩内。因此，火苗会变暗直至熄灭。

当玻璃筒被筷子翘起来时，在桌面上的筒罩与桌面形成一个小缝隙，氧气进入该缝隙。燃烧产物由于对流而通过顶部排出，形成了吸力。

纸条形成一个隔挡，把玻璃筒分成两部分。一侧向上排出热气和燃烧产物，一侧冷空气向下被吸入，保证氧气助燃。如果你拿一根点燃的火柴靠近玻璃筒上口，就可以验证这一点，在纸隔挡的一侧气流会把火柴的火苗吸入筒内，而在另一侧火苗则向上蹿。

会动的玻璃杯

空气受热后会膨胀，重量变轻，密度变小。这个原理被广泛应用。例如，在放热气球时，把气球充满热的、轻的空气。但是，加热的空气不仅能让物体飞行或旋转，还可以移动物体。究竟是怎么一回事？想知道吗？那就做个实验吧。

所需物品：
- 桌面光滑的小桌子、茶几或玻璃板
- 两块1～2厘米厚的小木块
- 玻璃杯
- 蜡烛
- 火柴
- 一个装水的碗

实验

做这个实验，需要一个桌面光滑的小桌子或茶几（例如漆面或玻璃面桌子），把它稍微倾斜。为此，需在相邻两个桌腿

下面垫两个小木块（可以用铅笔、火柴盒、书等代替木块）。也可以不抬桌子，但需要做一个倾斜的表面：找一块玻璃板，尺寸为30厘米 x 50厘米，把它平放在桌面上，其中一端底下垫上一根铅笔。

在倾斜的桌面上放一只翻扣过来的玻璃杯，事先把玻璃杯口在水碗里蘸湿。请注意：为做好实验，最好找一个杯壁薄的玻璃杯，因为它不会很重，而且在受热时也不会破裂。因玻璃板倾斜的坡度不大，玻璃杯在桌子上一动不动地立放着。点燃蜡烛，把火苗靠近玻璃杯壁，观察会发生什么？

结果

稍微被加热后，玻璃杯开始向下运动，而且越来越快。

解析

当受热后，玻璃杯内的空气会轻轻地抬起玻璃杯；因杯口被浸湿，空气不能被排到水杯外面。结果，玻璃杯就好像是悬挂在薄薄的水层上面，它与桌子表面的摩擦力迅速减少，在重力的作用下玻璃杯开始向下滑动。

复杂性：
实验可以独立完成，但需要有成年人在场。

带喷气动力的鱼

物体的自发运动不仅可以在空气的影响和变化下产生，也可以在液体的影响和变化下产生。生鸡蛋放在淡水中，它会沉底，但如果向水中逐渐加入盐，鸡蛋会平稳地上浮到水面上。因为在盐溶化的时候，水的密度增加，鸡蛋会浮到水面上。利用水或者其他液体的特性，可以让一些物体自行漂浮到其表面上。让我们做个实验，给纸板鱼装上液体喷气发动机，看看将会发生什么？

所需物品：
- 硬纸板
- 直尺
- 铅笔
- 剪刀
- 叉子
- 植物油
- 滴管或者吸管
- 盆或大碗

实验

在硬纸板上用直尺和铅笔画一条长5～7厘米的鱼（如图所示）。鱼身中间孔径为5～7毫米，孔和鱼尾之间的槽缝宽为1～2毫米。

在盆或大碗里装满水，小心地把鱼放在水面上，让鱼身下面浸水，上面保持干燥。用餐叉来操作很方便：把鱼放在叉齿上，然后慢慢地放在水上。之后用滴管吸一点植物油，在鱼身孔里滴2～3滴油，观察会发生什么。可以用可弯曲的吸管来代替滴管，把吸管伸入油中5～10毫米深，上端用手指堵住。然后拿起靠近鱼，把下端放在小孔上方，这时松开手指，油会滴下。

结果

油从小孔顺着小槽向鱼尾流去，而鱼开始向相反方向游动。油滴可以让鱼游个不停。

解析

植物油不溶于水：油滴落在水面，它会散成一个薄膜。当油滴进入鱼身上的小孔时，它尽量沿着水面散开，顺着小槽向鱼尾流去。此时，产生一个推动鱼向反方向运动的力。油流动得越快，这个力就越大，鱼游得就越急促。滴落的油相当于液体喷气发动机，它给鱼一个反作用推动力。

水风车

在地球引力的作用下，江河流淌、雨水滴落、水渗入土壤。当水流动时，水流可以让不同物体运动，为机械提供动力。例如，人们利用水流动的力量做出水磨，用它来磨米、磨面。今天，利用水流带动电站的涡轮机，用于发电。你也可以在家里独立制作一个类似的机械。

实验

用钳子把两个发卡捋直、捋平，然后把它们从中间弯成一个锐角。把发卡两端5～10毫米处弯成直角，方向相对（如图所示）。然后，把两个发卡并在一起，用

线沿着长度一圈挨一圈地缠好。在锐角内侧腻上一层橡皮泥，厚度不要超过一张纸的厚度。

用刀把一支普通的铅笔削尖，为减少笔尖和发卡之间的摩擦力，用橡皮泥把它垂直固定在盘子上，将发卡放置在笔尖上，使其牢靠，并处于平衡状态。如有必要调整其状态，用橡皮泥把其中一侧加重一些。

装置组装好了，现在为使它转起来，需要用勺子往发卡上倒一点点水。

结果

水顺着两只发卡之间的小槽形成细流，在发卡下方朝不同方向流出，风车向

水流的相反方向转动。为了让风车转起来，要隔一会儿倒一次水，保持旋转持续不停。

解析

水把缠绕发卡的线浸湿，在重力的作用下，水顺着发卡之间的小槽流淌而下，就像顺着细管一样。从下端流出的细流对发卡形成一个反方向的推动力。与盘子和空气发生旋转合力，即水的细流就像小的液体喷气式发动机一样。

复杂性：
实验必须在成年人的帮助下完成。

水动力旋转木马

从上一个实验中已经知道，流水能自行产生旋转力。如果液体是在压力作用下流动，这个力将变得更大。为了证实这一点，可以用核桃壳和榛子壳做一个原创的水动力旋转木马。

实验

用木锯或钢锯把一个大个核桃的大头锯掉，把核桃仁掏空，得到一个小头尖尖的小碗状核桃壳。在核桃外壳下部相对应的侧斜下方钻两个小孔，使其直径能让签字笔笔芯管紧密地穿过。

在两个榛子核上分别钻两个小孔：一个孔在榛子壳的灰"帽"上，能插入签字笔笔芯管，另一个孔在榛子壳侧面，能插入圆珠笔笔芯细管。把回形针弯一个小钩，用这个钩把榛子仁掏空。

把核桃壳和榛子壳用两根签字笔笔芯连接起来（如图所示）。把圆珠笔笔芯剪成长2厘米的两段，插入榛子壳侧面的孔内。把所有的缝隙用橡皮泥腻住。

接下来组装旋转木马的底座：在一个深盘子上放一只瓶子，在瓶口塞上一个软木塞。然后把核桃和榛子拼装出来的装置放在木塞上，使它处于平衡状态（如图所示）。如有必要调整它的平衡，用橡皮泥把其中一侧的榛子加重一些。

现在往核桃壳里倒水，并观察旋转木马如何工作。

结果

水流从榛子里流出，方向相反，旋转

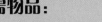

所需物品：

- 大个的核桃
- 两颗榛子
- 两根签字笔笔芯管
- 圆珠笔笔芯管
- 手电钻
- 全套钻头
- 钢锯和木锯
- 回形针
- 软木瓶塞
- 瓶子和盘子
- 橡皮泥
- 小刀
- 水

复杂性：
实验必须在成年人的帮助下完成。

木马旋转方向与水流旋转方向相反。

解析

水从上向下，从粗的通道向细的通道流淌，最后从圆珠笔笔芯管流出。在出口处，水流的速度是最大的。河流也有类似的情况：在河床狭窄的地方水流的速度就快。在榛子壳内的水上方有 10 ~ 12 厘米高的水柱，它能产生一定的压力，同时从细管内流入的水水压也增加。流入的细流给相对应的两个小孔的榛子内壳一个压力。压力和力臂（从旋转轴心到榛子的距离）形成一对转动扭矩的合力，它作用在该结构上，让它旋转起来。

旋转水泵

你想让朋友们大吃一惊吗？没有什么比这更简单的了！耐下心来，组装一个原装机械，使它既是水动力风车，又是虹吸泵。

所需物品：

- 直筒状玻璃杯
- 一块薄胶合板
- 钢锯和小刀
- 两根签字笔笔芯管
- 三根圆珠笔笔芯管
- 橡皮泥
- 手电钻和全套钻头
- 两个软木瓶塞
- 火柴
- 深盘子
- 容积为0.5升的玻璃罐和水

实验

用木锯从胶合板上锯下一个圆形，其直径略小于水杯的内径。在板中心钻一个小孔，其尺寸刚好让一支签字笔笔芯管穿过。从笔芯剪下一段笔芯管，其高度比杯子高度短 1 厘米。把它插入圆板，用橡皮泥将其固定。

用刀把两个软木塞削出 5 个侧边长为 1 厘米的小方块。在其中一个方块上钻两个孔（两个孔应呈一个“T”字形，孔径和签字笔笔芯直径一致（如图 A 所示）；在两个方块上分别钻一个“L”形的孔，孔径一侧与签字笔笔芯直径一致，另一侧与圆珠笔笔芯直径一致（如图 B 所示）；在剩余两个小方块上同样钻“L”形的孔，但孔径和圆珠笔笔芯直径一致。

现在，把这个结构组装起来（如图所示）。把一根签字笔笔芯剪成两等份，用带“T”形孔的小方块把这两段管与插入圆板的签字笔笔芯连接起来。另一自由端分别用“L”形孔的小方块固定更细的圆珠笔笔芯管，使其出口朝下。在这两根管下端接上另两个“L”形孔的小方块，出口插入长为 2 ~ 3 厘米同样的管。把管自由的端头在点燃的蜡烛上烤一下并压扁，使两个管口朝向相反的方向（如图所示）。所有的连接点都用橡皮泥腻住。

在盘子中放一个罐，把罐底翻转向上，上面放一只水杯，装上 3/4 的水。把圆板连同管组装成的结构放入水中，使其浮在水面上。要确保该结构结实，并处于平衡状态。如有必要用橡皮泥在力臂一端加重。

结果

在吸入了一些水并从下面的两根管中排出后，两个虹吸管就开始工作了，虹吸管开始不间断地把杯中的水排出，该装置开始旋转，直到水平的力臂落在杯口上为止。如果持续往水杯里加水，旋转的水泵会不停地工作。

解析

这个组装的装置是双虹吸管。类似的装置被人们应用于将液体从高处的容器内注入到低处的容器内。开始时液体顺着细管向上运动，然后因容器内水位高度差的缘故，开始向下运动。在底下容器内液体的水位在本实验中就是支流的管孔出口的水位。而因为支流出口方向相反，所以两股流出的细流形成了让装置旋转的两个力和两个旋转扭矩。

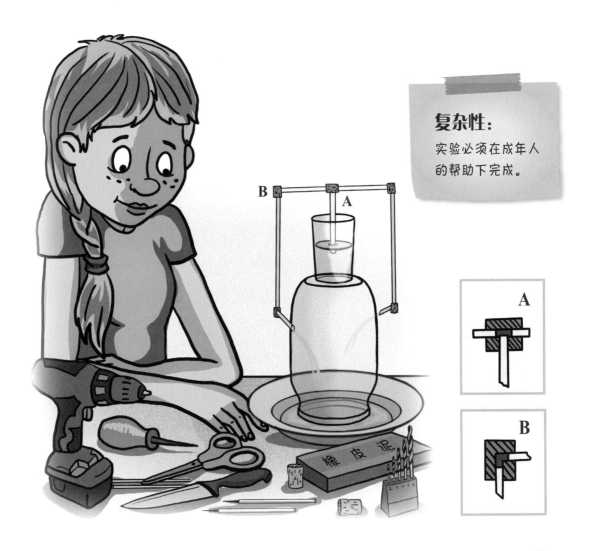

复杂性：
实验必须在成年人的帮助下完成。

自制立式喷泉和水平式喷泉

做立式和水平式两个喷泉并不难，你只需利用手边简单的材料和水，一步一步耐心细致地去做。

实验

立式喷泉：在每个鸡蛋上用锥子从小头（上方）和大头（下方）分别钻两个孔，尺寸刚好能通过笔芯管。重要的是：两个孔应该有一点点偏移，不正对着。把蛋清和蛋黄沥出来，把蛋壳洗净吹干。两个蛋壳用管连接，使管插入上面的蛋壳内，一直通到上面蛋壳内壁为止，而插入下面蛋壳不要太深，一点点就行。然后再用同样的笔芯剪出长度约7厘米的一段管，同时将它插入上方蛋壳上面的孔内（它应几乎碰到蛋壳底部，从上方露出蛋壳外大约2厘米）。所有的连接点都用橡皮泥腻住。把下方蛋壳下面的孔扩大到1厘米，让它保持原来状态。

往橡皮泥内压入20~40个铅坠，揉成半个鸡蛋大小的球，把它固定在下方的蛋壳上方管上。

水平式喷泉：用两个鸡蛋壳和管做一个同立式喷泉一样的结构。在第一个木塞上钻一个贯通的小孔。把它固定在上方蛋壳下面的管上。把第二个软木塞切成边长

1厘米的小正方块，在小正方块上钻两个小孔（如字母"T"形）。把笔芯剪成两等份。第一份选离任意一端2厘米的距离处，用火柴烤一下，弯成直角，然后让其冷却。注意，在折弯时不要让管口折压过狠导致管内空间过于狭窄。之后再把管插入软木塞小方块"T"形孔内：上面的蛋壳上方的管从"T"形孔的竖直孔插入，两个半根笔芯管分别从两侧相对插入。

在玻璃罐里装满水，直至罐口，把玻璃罐放在盘子上。为了能让喷泉喷水，往上方蛋壳里倒入水。也可以这样做，把该装置翻过来，把水导入下面的蛋壳内。

结果

立式喷泉上面蛋壳里水流会喷涌而出，直到上面蛋壳内无空气压力为止。水平式喷泉的水流从折弯的水平管头喷出，同时让整个结构旋转起来。

解析

置于下方蛋壳上面的水柱给空蛋壳内部的空气一个压力。受到这个水柱压力的空气给上方蛋壳一个压力，在它的作用下水通过上方的管流出。液体逐渐填充满下方的蛋壳并通过管将空气从其中排出到上部，填充到上面的蛋壳内，压缩空气将水排出。

而水平式喷泉侧向管的支流方向是相反的，所以其喷出的水流形成一个让喷泉旋转的反作用力。

复杂性：
实验必须在成年人的帮助下完成。

喷气推力舰艇

为了让小船、游艇及舰艇能在水上运动，传统的设备和装置为桨橹、船帆、推力桨和螺旋轮。就像导弹上的喷气发动机一样，可否将喷气推力作为船舶发动机来使用？做完这个不复杂的实验，问题就会迎刃而解。

实验

用硬纸板和一张结实的纸粘一个小船，底要平的且带龙骨（如图所示）。连接各部位零件要用防水胶水，以避免船在水里过快地被水泡坏。

用锥子在鸡蛋的小头扎一个 1 毫米的小孔，通过它把蛋清和蛋黄沥出来，吹干鸡蛋壳。

用钳子把两段铁丝弯成带弯钩的拱形件，用它来作为鸡蛋壳的支架，将鸡蛋壳作为船的"蒸汽锅炉"。锅炉的炉膛用蜡烛来做（可以用放在小铝杯里的装饰蜡烛或用加热的刀从普通蜡烛上切下长 2～2.5 厘米的一段）。

盆中装满水，把船放入水中，在船上面摆放蜡烛，把它放在两段铁丝做的拱形件之间的鸡蛋壳下面。用医用注射器通过蛋壳上的小孔注入 20～25 毫升的水。点

所需物品：
- 一张硬纸板、一张结实的纸
- 剪刀
- 防水胶水
- 铁丝
- 万能钳子
- 鸡蛋
- 锥子
- 医用注射器
- 蜡烛和火柴
- 水盆和水

燃蜡烛，把蛋壳平放在拱形支架上，小孔朝向船尾。

结果

过几分钟后，蛋壳内的水沸腾起来，从蛋孔向船尾方向喷出一股蒸汽，小船开始向前运动。为了使小船能绕着圈航行，龙骨忽左忽右、向不同角度转动。

解析

当在鸡蛋壳内的水受热后达到沸腾的

温度，它开始剧烈地产生蒸汽。在蛋壳内形成蒸汽压力，它对整个蛋壳产生同样的压力。因为蛋壳的一端有小孔，所以蒸汽通过小孔排出；蒸汽排出蛋壳外，排开空气，产生向后的力，推动蛋壳带动整个装置向前运动。

复杂性：
实验必须在成年人的帮助下完成。

喷气式旋转木马

如果把"走钢丝"的餐叉和"水动力旋转木马"的实验结果结合起来，将会发生什么？喷气式旋转木马将在蒸汽锅炉的反作用喷流下转动！制造这个原创装置，需要一点时间、耐心和毅力。

实验

在两个鸡蛋的小头用锥子分别钻一个直径为1毫米的小孔。通过小孔把蛋液（蛋清和蛋黄）沥干净，之后把空蛋壳吹干。用加热的刀把普通的家常蜡烛切出两个一样大小、长度为2～2.5厘米的蜡烛头。每个蜡烛头上都去掉一些石蜡，使烛芯露出来。这两段蜡烛头作为两个鸡蛋壳做的蒸汽锅炉的炉膛。用软铁丝分别缠绕两个蛋壳，在它下面固定蜡烛，在上面做出一个活扣。

在葡萄酒软木瓶塞的一端扎一根大头针，要让瓶塞在5毫米大头针帽上立住。在软木塞的侧面同样高度上对称插上两把一样的餐叉。尽量做得让它们向下倾斜，尽可能让它们形成的倾斜角和状态彼此没有差别。用铁丝弯成的活扣把带蜡烛的蛋壳分别固定在餐叉把儿上，让蛋壳上的小

孔分别朝向相反方向。用尺寸合适的硬币盖在瓶口上，上面安放你刚做好的结构，要使它靠大头针帽支撑在硬币上。结构应该稳固，而且处于平衡状态。在必要的情况下，为达到平衡，可调节两个鸡蛋壳在餐叉把儿上的位置。

通过小孔用注射器往两个蛋壳内分别注入同等数量（20～25毫升）的水。现在可以点燃蜡烛，观察该装置如何工作。

结果

水在蛋壳内刚一沸腾，从蛋孔内就喷出蒸汽，同时旋转木马开始旋转，而且越转越快。它的运动一直持续到蛋壳内的水都蒸发掉，烧干为止。

解析

旋转木马的重心处于支点以下，所以大头针帽和整个装置处于一个牢固而且平衡的状态。当蛋壳内的水沸腾时，形成了对蛋壳壁的压力，该压力通过小孔强力向外输出。在这个"输出能"作用下，喷气旋转木马会绕着这个支点旋转不停。

复杂性：

实验必须在成年人的帮助下完成。